LES SÉCHERIES AGRICOLES

OUVRAGES DU MÊME AUTEUR

Traité d'analyse des matières sucrées. — Paris, 1890, Bernard et Cie (*épuisé*).

Polarisation et saccharimétrie. — Deuxième édition revue et augmentée. — Paris, 1908, Gauthier-Villars et Masson.

Constantes physico-chimiques. — Paris, 1898, Gauthier-Villars et Masson.

Essais des combustibles. — Paris, 1904, Gauthier-Villars et Masson.

Consommation des chaudières à vapeur. — Paris, 1908, Gauthier-Villars et Masson.

Aide-mémoire de sucrerie. — Paris, 1898, Baudry et Cie.

Analyse des engrais (*Recueil international*). — Paris, 1901, Ch. Béranger.

Usages industriels de l'alcool (*Prix agronomique de la Société des Agriculteurs de France*). Paris, 1903, J.-B. Baillière et fils.

Production hygiénique du lait. — Paris, 1908, Charles Amat.

Les densités des solutions sucrées à différentes températures. Paris, 1908, H. Dunod et E. Pinat.

La distillerie agricole. — Paris, 1909, Charles Amat.

La Réfractométrie et ses applications pratiques. — Paris, 1909, Gauthier-Villars et Masson.

Manuel du Chimiste de sucrerie. — Paris, 1909, J.-B. Baillière et fils.

LES
SÉCHERIES AGRICOLES

ÉTUDE ÉCONOMIQUE ET TECHNIQUE

DE LA

DESSICCATION DES PRODUITS AGRICOLES

PAR

D. SIDERSKY

INGÉNIEUR-CHIMISTE

Avec 14 figures dans le texte

PARIS

LUCIEN LAVEUR, ÉDITEUR

13, RUE DES SAINTS-PÈRES, 13

PRÉFACE

Le problème de la conservation des produits récoltés et celui non moins important de l'utilisation des résidus agricoles ont toujours préoccupé les agriculteurs, mais les moyens proposés pour les résoudre ont mis longtemps à atteindre le degré de perfection indispensable pour être sanctionnés par la pratique. La dessiccation des fruits et des légumes est, depuis un certain temps, entrée dans la pratique et le même principe a excité les inventeurs à combiner des appareils pour la dessiccation rationnelle des fruits sarclés, matières premières de certaines industries, et des résidus de ces industries utilisés pour l'alimentation du bétail. Mais à côté de la question mécanique il y a la question économique qui envisage le prix de revient de la dessiccation, le coût de l'appareil installé et la facilité qu'il offre pour dessécher les matières variées. L'intérêt de ces questions n'échappera à personne et, dans ces dernières années, la plupart des sociétés agricoles françaises et étrangères, et plus particulièrement *la Société des Agriculteurs de France*, s'en sont occupées activement. Un certain nombre de systèmes proposés ont déjà fait leurs preuves et fonctionnent sur une échelle plus ou moins étendue ; d'autres, plus nouveaux, viennent seulement de se faire connaître par leurs premières applications pratiques.

Nous avons pensé qu'il était intéressant de réunir dans

le présent volume tous les renseignements utiles sur ces questions, d'y résumer toute l'expérience acquise, dans la dessiccation des produits et des résidus agricoles, en classant les applications réalisées dans l'ordre naturel de leur importance, et d'exposer dans un chapitre spécial les différents systèmes d'appareils les plus usités. Nous indiquerons pour chaque matière les applications agricoles des produits desséchés et leur valeur alimentaire pour l'élevage du bétail, les résultats d'expériences comparatives d'alimentation et toutes les autres données de nature à intéresser le monde agricole. Nous montrerons ensuite la possibilité pour tous les agriculteurs, même pour les petits fermiers, d'entreprendre la dessiccation en commun des produits et des résidus agricoles de toute nature, en usant des facilités accordées par la récente *loi sur la coopération agricole* dont nous reproduirons le texte et le règlement d'administration publique.

La création de sécheries agricoles et leur propagation seraient à souhaiter ; elles formeraient bientôt un facteur nouveau dans l'économie rurale, susceptible de contribuer puissamment à l'augmentation de la richesse nationale par l'utilisation rationnelle des résidus agricoles. Puisse notre modeste travail y contribuer un peu en mettant les agriculteurs au courant de la question, et nous serons largement récompensés de notre effort.

L'Auteur.

Paris, mars 1910.

LES SÉCHERIES AGRICOLES

CHAPITRE PREMIER
Intérêt économique de la dessiccation.

Le rendement agricole des céréales et des fruits sarclés dépend de circonstances variées et de nombreux facteurs que l'homme est impuissant à régler à sa convenance et dont quelques-uns lui restent même inconnus. Les récoltes annuelles des produits agricoles présentent des variations considérables pendant que la consommation de ces produits demeure à peu près stationnaire, et les variations d'importance secondaire qui sont susceptibles de se produire dans l'écoulement d'un produit agricole ne suivent point parallèlement les fluctuations du rendement.

Ces variations sont la cause de hausse et de baisse des cours des céréales et de tous les produits agricoles d'un transport facile. Les fruits sarclés, dont les rendements agricoles subissent également d'énormes variations, ne peuvent être transportés au loin, étant tropaqueux, et leur conservation est également très limitée. Aussi, les industries agricoles mettant en œuvre des betteraves, des pommes de terre, des topinambours ou des cannes à sucre, sont organisées pour effectuer leur fabrication dans l'espace de quelques semaines, de quelques mois au plus, et ce que l'industrie ne peut pas absorber devient une perte irrémédiable pour le producteur.

Les résidus agricoles, pulpes et drêches, utilisés pour la nourriture du bétail, présentent les mêmes difficultés de transport et de conservation, ces matières étant gorgées d'eau.

Pour remédier à ces difficultés et pour faciliter l'écoulement des produits et des résidus agricoles, on a eu l'idée d'en chasser par la dessiccation la majeure partie d'eau qu'ils renferment et de réduire ainsi leurs poids respectifs à un minimum pratique, en les ramenant à un taux de matières sèches analogue à celui des céréales. Les produits et résidus, qui avaient, à l'état vert, jusqu'à 90 p. 100 d'eau, n'en conservent plus, à l'état sec, que 10 à 15 p. 100, et leur poids primitif est réduit au quart et quelquefois même au cinquième. Leur transport peut être alors pratiqué à plus grande distance, et la conservation devient alors presque illimitée. Le résultat économique de la dessiccation est considérable, par la facilité de conduire ces produits aux centres de consommation les plus distancés des lieux de production, par la faculté de prolonger certaines fabrications sans augmenter les frais généraux totaux et de répartir ces derniers sur une plus grande quantité de matières premières, et pour les résidus agricoles destinés à l'alimentation du bétail, par la suppression des freintes en silo et des pertes de toute sorte engendrées par les transformations chimiques que favorise l'excès d'humidité. D'autre part, les produits desséchés trouvent quelquefois des emplois nouveaux et avantageux, ce qui est le cas des pommes de terre, dont les produits desséchés trouvent un écoulement très large dans l'alimentation des chevaux.

Ce qui a surtout favorisé l'éclosion de l'idée de la dessiccation rationnelle, c'est l'insuffisance de notre production fourragère et la nécessité d'y suppléer par l'importation sur une grande échelle de produits exotiques très coûteux.

En laissant de côté les anciennes tentatives infructueuses qui n'offrent qu'un intérêt historique, on peut dire que la première application pratique de la dessiccation a été réalisée avec les **pulpes de sucrerie, et elle est aussi la plus répandue. C'est en vue** de cette application industrielle qu'on a étudié les types d'appareils les plus variés et les systèmes les plus ingénieux. Une fois en possession d'appareils pratiques pour la dessiccation des pulpes, on a étudié la possibilité de dessécher économiquement les matières premières des industries agricoles, betteraves et pommes de terre, et nous verrons plus loin que la pratique industrielle a largement sanctionné les hardies conceptions de nos habiles constructeurs. C'est pour mieux comprendre ce qui a été réalisé pratiquement dans cette importante question, que nous commencerons notre exposé par la dessiccation des pulpes de sucrerie, pour passer ensuite en revue les différentes matières premières et les résidus agricoles.

CHAPITRE II

Pulpes de sucrerie.

Le résidu du travail des betteraves dans les fabriques de sucre, la pulpe, procure aux agriculteurs éleveurs de bétail une nourriture précieuse pour eux, mais non exempte d'inconvénients.

En effet, le seul procédé d'extraction du sucre actuellement employé en sucrerie, la diffusion, consiste en une extraction pure et simple du sucre de betterave par l'eau chaude; il n'intervient pas d'agent chimique pendant la fabrication et les tissus végétaux qui forment les cossettes ne subissent aucune modification. On retrouve dans les pulpes tous les éléments insolubles de la betterave, ce qui en fait une des sources les plus précieuses de l'engraissement et de la production du lait.

Malheureusement, c'est sous forme d'un résidu essentiellement aqueux que l'agriculture récupère les éléments nutritifs qui accompagnent le sucre dans les racines. A la sortie des diffuseurs, la pulpe forme une véritable bouillie contenant à peine 5 à 6 p. 100 de matière sèche; mais, avant d'être livrée aux cultivateurs, elle est soumise à l'action des presses qui expriment une partie de l'eau et en font une matière qui renferme encore 89 à 91 p. 100 d'eau. On a souvent demandé de fixer une limite voisine de 12 p. 100 de matière sèche; mais outre qu'il serait difficile d'arriver à un épuisement convenable des cossettes dans les usines où la diffusion se fait à la température de 85° et même de 88°, le liquide, qu'une pression excessive ferait sortir des pulpes, contiendrait une quantité non négligeable de principes nutritifs qui seraient perdus pour l'alimentation. Ces considérations limitent donc à une teneur en matière sèche voisine de 10 p. 100 l'état sous lequel les pulpes de diffusion sont livrées à la culture.

Généralement, les pulpes sont enlevées des usines au fur et à mesure des livraisons de betteraves ; elles sont mises en silos creusés directement dans le sol ou établis en maçonnerie, et consommées immédiatement ou après quelques mois de conservation.

Les pulpes ensilées fermentent rapidement ; les cellules des cossettes se désagrègent peu à peu, et toute la masse se transforme en une pâte homogène et blanche, lorsque la conservation s'est faite dans de bonnes conditions.

Les pulpes subissent des pertes assez importantes qui s'élèvent à 30 p. 100 du poids brut après quatre mois d'ensilage. Les matières nutritives se transforment et disparaissent, en partie, comme le montrent les chiffres suivants qui résultent des analyses faites par M. Malpeaux (1).

| | Composition pour 100 | | | |
Désignation.	Pulpe fraîche.	Après 4 mois.	Après 5 mois.	Après 8 mois.
Matière sèche..........	8,60	7,06	6,94	5,92
Matières azotées totales.	0,95	0,78	0,69	0,60
Azote alimentaire	0,135	0,105	0,083	0,082
Azote non alimentaire...	0,017	0,020	0,035	0,040
Matières grasses	0,04	0,07	0,18	0,21
Matières minérales......	0,66	0,57	0,68	0,61
Hydrates de carbone....	2,76	1,80	1,25	1,00
Cellulose..............	2,00	1,54	1,84	1,52

La pulpe est donc l'objet, pendant l'ensilage, d'une transformation préjudiciable à sa valeur nutritive. Les hydrates de carbone sont fortement attaqués, la proportion d'azote albuminoïde diminue et les matières minérales sont entraînées en partie dans les eaux d'égout. Il est donc bien évident que l'énorme perte inhérente à la conservation des pulpes humides n'est pas compensée

____

(1) Dans une récente communication publiée dans le *Journal de l'Agriculture,* à laquelle nous avons emprunté quelques-unes des indications qui suivent.

par une valeur alimentaire plus grande du produit qui reste. La teneur en eau est d'ailleurs à peu près aussi grande dans les pulpes ensilées que dans les pulpes fraîches.

Comparée à la betterave, la pulpe présente un coefficient de digestibilité plus élevé : la cellulose notamment est mieux utilisée. On peut s'expliquer cette différence par l'état de division extrême de la matière et par la cuisson qui se produit pendant la fabrication. Mais si le régime des pulpes est bon pour les animaux que l'on soumet à l'engraissement, il peut présenter des inconvénients en ce qui concerne la production du lait.

On sait que la pulpe employée en assez forte proportion dans la nourriture des vaches laitières donne au lait une saveur spéciale et des propriétés qui le rendent peu favorable lorsqu'il s'agit de l'alimentation des nourrissons. La mamelle est, en effet, un émonctoire par où s'éliminent les toxiques introduits dans la ration des femelles en lactation, et une nourriture aussi riche en microbes que la pulpe ensilée contient nécessairement des principes toxiques en abondance. Les nombreux cas de gastro-entérite observés chez les enfants soumis à l'allaitement artificiel en sont la preuve.

La conservation des pulpes humides peut présenter d'autres inconvénients ; c'est ainsi que, dans les silos non cimentés, l'écoulement des eaux chargées de matières organiques putrescibles à travers les couches perméables du sol peut être une cause de contamination des sources et des puits.

Il y a d'autres inconvénients inhérents à la manipulation, tels que les charrois de masses considérables pendant les jours les plus courts de l'année, sur les routes les plus mauvaises.

M. *Vivien* a calculé ces frais de la manière suivante (*Bulletin de l'Association des chimistes*, avril 1892, p. 740) :

CHARROIS. — Un attelage de bœufs peut faire de deux à six voyages suivant la distance de la ferme à l'usine. Pour prendre une moyenne, supposons le cas d'un fermier placé à 3 kilomètres de la fabrique; les bœufs pourront faire quatre voyages en moyenne, en octobre et novembre et trois en décembre, à raison de 4 à 5.000 kilos l'un, suivant l'état des chemins et des rampes à gravir, soit en moyenne à 4.500 kilos, les frais seront :

Capital.

Six bœufs à 800 francs l'un	4.800	»
Jougs, chapeaux et jointures	150	»
Un chariot	1.100	»
Deux chaînes pour traits	14	»
Six chaînes d'attache	15	»
Total	6.079	»

Exploitation journalière.

Nourriture de six bœufs à raison de 1 fr. 50 par jour	9	»
Un bouvier pour transport et service d'écurie	3	50
Ferrage o fr. 20 par bœuf	1	20
Entretien des équipages	»	80
Amortissement de la valeur du chariot, 10 p. 100 en 300 jours	»	37
Amortissement des jougs, chapeaux et jointures	»	20
Risques de mortalité : 5 p. 100 par an sur une valeur de 4.800 francs	»	67
Intérêt à 6 p. 100 du capital engagé, soit sur 6.079 francs pendant 365 jours	1	»
Frais généraux, imprévu, accidents, perte sur les bœufs, etc.	3	26
Total	20	»

Soit pour le transport de $\dfrac{(4.500 \times 4 \times 2) + (4.500 \times 3)}{3} =$

16.500 kilos par jour une dépense de $\dfrac{20}{16.5}$, soit 1 fr. 21 par 1.000 kil. de pulpes pour le transport seul.

MANUTENTIONS. — Le chargement à l'usine se fait souvent avec le concours des ouvriers de l'industriel et du bouvier du cultivateur qui vient chercher les pulpes, et les frais du cultivateur sont compris dans les frais précédents. Mais il faut faire intervenir ceux occasionnés par les manutentions à la ferme, comprenant : déchargement chez le cultivateur, distribution immédiate aux animaux, mise en silos pour les besoins ultérieurs, main-d'œuvre, usure du matériel et frais généraux.

Ces frais sont les suivants par 1.000 kilog. en comptant que les deux tiers des pulpes sont ensilés et un tiers consommé directement aussitôt après leur arrivée.

Manutentions dans la ferme.

Déchargement à la ferme dans l'atelier où se font les mélanges...	» o5
Mélange avec les fourrages secs...................	mémoire.
Chargement dans les corbeilles...................	» o5
Mesure des corbeilles et ustensiles, entretiens divers	» 25
	» 35

Ensilage.

Déchargement au silo...........................	» o5
Confection du silo, couverture	» 20
Ouverture du silo..............................	» o5
Rechargement en tombereau.....................	» 10
Charroi du silo à l'atelier......................	» 5o
Entretien des abords du silo, usure du matériel nécessitée pour les pulpes ensilées..............	» 10
Frais généraux divers..........................	» 15
	1 15

En résumé, les frais sont les suivants :

	Prix de la pulpe	
	Consommée immédiatement.	Ensilée.
Achat de 1000 kilos.....................	4	4
Transport..............................	1,21	1,21
Manutentions..........................	o,35	1,15
Valeur des 1000 kilos rendus dans l'étable..	5,56	6,36

Pour parer à ces multiples inconvénients, on a cherché à donner aux pulpes une forme telle que la conservation puisse se poursuivre pendant des longs mois sans altérations, avec un transport facile. C'est un problème résolu actuellement, grâce à la dessiccation.

DESSICCATION. — A la réunion sucrière de Halle-sur-Saale (Allemagne), en février 1881, le professeur *Maerker* montra des échantillons de pulpe de diffusion desséchée à l'étuve et il engagea le syndicat des fabricants de sucre de l'Allemagne à entreprendre des essais industriels de dessiccation.

Un concours fut institué et la maison de construction *Büttner et Meyer* obtint le prix du Syndicat des fabricants de sucre allemands. Depuis lors les installations de dessiccation de pulpe se multiplièrent en Allemagne, en Autriche, etc. En France, la dessiccation fut d'abord installée par les soins de l'Etablissement Maguin, dans les sucreries de Fismes (Marne), et de Liez (Aisne), et quelques années après dans celles du Pont-d'Ardres (Pas-de-Calais) et Rue (Somme), et elle commence à se propager, quoique lentement, parce que les sucreries trouvent assez facilement, dans les années de production normale, à écouler dans leur rayon d'approvisionnement en betteraves la totalité de ces résidus. Il n'en est pas moins vrai cependant qu'elle pourrait rendre de véritables services, ne serait-ce que pour permettre la vente à d'assez grandes distances.

On prétend que la dessiccation des pulpes constitue un des éléments de supériorité des sucreries allemandes dans leurs moyens économiques de production : dans quelques années, toutes les usines en Allemagne seront organisées pour ne livrer que des pulpes sèches à leurs fournisseurs de betteraves. Le séchage, d'après certains documents publiés par le journal « la Betterave » procurerait aux fabricants un bénéfice brut de production supérieur à 3 fr. par 1.000 kilogr. de betteraves. Nous laissons à l'auteur la responsabilité de ces chiffres, qui paraissent s'éloigner de la réalité.

Les usines qui, en France, se sont organisées dans le but de pratiquer la dessiccation des pulpes livrent ces produits à raison de 12 francs les 100 kilogr. Ce prix est trop élevé et les frais de séchage peuvent être établis de la façon suivante pour 100 kilogr. de cossettes séchées :

Combustible de force motrice nul, si la vapeur d'échappement du moteur est utilisée dans le travail des jus et la fabrication du sucre ; dans le cas contraire, pour un moteur de 50 chevaux à condensation, 2 kilogr. par cheval-heure, soit 2.880 kilogr. à 26 francs = 74, pour 150 tonnes de pulpes = francs 0,50 par tonne, soit pour 900 kilogr. .... fr.   0,45

Charbon de séchage, 62 kilogr. pour 100 kilogr. de pulpe sèche à 26 francs les 100 kilogr......................	1,71
Main d'œuvre, 4 hommes par poste : 8 hommes à 5 fr. = 40 fr.: 150 tonnes de pulpe = fr. 0,25 par tonne, soit pour 900 kilogr.	0,23
Eclairage, huiles, graisse, acide............................	0,50
Entretien du matériel......................................	0,54
900 kilogr. de pulpe à 5 francs la tonne....................	4,50
Total fr.	7,93

Ces chiffres n'ont pas la prétention d'être rigoureusement exacts, le calcul du prix de revient pouvant varier suivant les circonstances ; ils montrent cependant que la pulpe sèche vendue à raison de 10 francs les 100 kilogr., laisserait encore une marge assez grande au bénéfice, à la condition, bien entendu, que la fabrication annuelle soit suffisamment importante.

Composition. — La composition de la pulpe sèche a été déterminée à différentes reprises, tant en France qu'à l'étranger. Voici les résultats obtenus par l'analyse d'un de ces produits provenant de la sucrerie de Pont-d'Ardres (Pas-de-Calais) ; nous mettons en regard les chiffres constatés avec une pulpe de Modritz en Autriche.

	Composition pour 100 de pulpe desséchée			
	Pont-d'Ardres		Modritz	
	Malpeaux	Pellet	1	2
Eau.....................	10	12	9,94	9,21
Matières azotées..........	7,47	8,10	6,81	8,03
Matières grasses..........	0,14	0,60	0,59	0,21
Hydrate de carbone........	41,10	51,40	58,01	59,26
Autres matières organiques	18,84	»	»	»
Cellulose	17,55	19	21	19,50
Matières minérales	4,50	4,50	3,68	3,79
Sucre	»	4,50	»	»

La proportion de sucre varie évidemment d'après la manière
dont l'épuisement des cossettes a été assuré à la diffusion. Si cet
épuisement laisse subsister 0,5 p. 100 de sucre dans la pulpe
humide, il y en aura environ 4,5 dans les cossettes sèches. Ce
sucre, qui disparaît dans la pulpe ensilée par suite des fermentations, n'est pas négligeable; d'après les résultats de l'analyse de
M. Pellet, 5 kilogr. de pulpes sèches introduiraient dans l'organisme plus de 200 gr. de sucre dont la digestibilité est totale.

CONSERVATIONS. — Les pulpes sèches se conservent parfaitement
en sac dans les magasins : M. Malpeaux en a laissé dix-huit mois
dans un grenier et leur qualité n'a laissé rien à désirer; la teneur
en eau ne dépasse pas 12,5 p. 100. Exposées à l'air, les cossettes
sèches reprennent une certaine quantité d'humidité.

Nous donnons ci-après les résultats des observations faites par
M. Malpeaux sur deux échantillons dont l'un était placé dans un
local ordinaire et l'autre dans une pièce relativement humide (expérience commencée le 29 septembre 1906) :

	Absorption d'eau pour 100	
	Local ordinaire.	Local humide.
1er décembre 1906..............	1,5	3
10 décembre 1906..............	1,8	6,9
20 décembre 1906..............	2,1	8,7
10 janvier 1907................	4,6	14,5
1er mars 1907.................	5,8	produit altéré

Emmagasinée dans un grenier sec, la pulpe sèche peut être
d'une conservation prolongée.

La pulpe desséchée n'est jamais donnée à l'état sec, car, en
raison de sa grande tendance à absorber de l'eau, elle pourrait
occasionner les plus graves désordres dans l'organisme; le meilleur
moyen de l'utiliser est de lui restituer une partie de l'eau qu'elle
a perdue au séchage. Les cossettes préalablement mélangées, s'il
y a lieu, à d'autres aliments et notamment aux menues pailles, sont
formées en tas sur l'aire de la salle des préparations et arrosées
de quatre à cinq fois leur poids d'eau, en même temps qu'on les

retourne à la fourche. L'expérience a démontré que la pulpe sèche peut retenir plus de cinq fois son poids d'eau, lorsque la préparation est faite assez longtemps à l'avance. On abandonne généralement les tas de dix-huit à vingt-quatre heures ; il en résulte un léger échauffement de la masse, par suite de la fermentation alcoolique, mais qui est sans inconvénient. La pulpe se gonfle et reprend l'aspect de la pulpe fraîche.

VALEUR ALIMENTAIRE. — D'après M. Kellner, la valeur alimentaire de la pulpe desséchée est équivalente à celle d'une même quantité de matière sèche de la pulpe fraîche. M. Malpeaux vient de confirmer cette opinion par des essais pratiques d'alimentation effectués à l'Ecole pratique d'Agriculture de Berthonval.

On trouvera dans les publications agricoles les résultats de nombreux essais faits sur l'alimentation du bétail à l'aide de pulpes sèches ; nous ne citerons que les suivants, obtenus par la Société d'Agriculture de Halberstadt sous le contrôle de la station d'essais agricoles de Halle (voir Illustrierte Landwirthschaftliche Zeitung, 14 et 17 novembre 1906).

La ration journalière en pulpes sèches était, pour 1.000 kgs de poids vif, de 8 kgs pour les bœufs et de 10 kgs pour les moutons.

Les résultats obtenus sont consignés ci-après :

N° de l'essai	NATURE DU BÉTAIL	DURÉE DE L'ESSAI	POIDS DE L'ANIMAL		ACCROISSEMENT par jour et par tête.
			avant.	après.	
1er	Bœufs de 2 à 3 ans à l'engrais............	89 jours	540 k.	631 k.	1 k. 020
2e	Vieux bœufs à l'engrais..	89 —	683 k.	791 k.	1 k. 210
3e	Moutons à l'engrais......	139 —	40 k.	56 k.	0 k. 120

Des essais comparatifs d'alimentation des vaches laitières par les pulpes sèches et par les pulpes humides ont été faits par les cultivateurs associés de la fabrique de sucre de Hammersleben ; ils ont donné les résultats qui suivent :

NATURE DU FOURRAGE	RATION JOURNALIÈRE	PRODUIT EN LAIT
Pulpes humides fermentées..	3o k. »	12 k. 7oo
Pulpes sèches...............	4 k. 6oo	13 k. 28o

Et, chose particulièrement importante, on a constaté que le lait des vaches nourries à la pulpe humide fermentée avait une odeur peu agréable qui s'est transmise au beurre qu'on en a extrait, alors que celui des vaches qui avaient reçu de la pulpe sèche n'avait ni goût ni odeur et fournissait un beurre irréprochable.

Ces résultats, joints aux considérations qui les précèdent, montrent combien il serait intéressant, tant au point de vue industriel qu'au point de vue agricole, de développer en France la dessiccation des pulpes de sucrerie.

Bénéfice de la dessiccation.

Les avantages économiques du séchage des pulpes sont importants, ainsi qu'en témoigne la rapidité avec laquelle cette opération s'est répandue en Allemagne, où plus de 5o p. 1oo des sucreries l'ont adoptée.

Il est d'ailleurs facile de les établir.

La création d'une installation capable de sécher à l'aide d'un four Büttner (décrit page 133) les pulpes produites par un travail journalier de 2oo tonnes de betteraves en sucrerie peut être évaluée comme suit :

Matériel de séchage, machine à vapeur, transmissions, tuyauteries, etc......... fr.	45.ooo
Transport et montage............... »	1o.ooo
Maçonnerie du four................ »	5.ooo
Bâtiment......................... »	1o.ooo
Total............... fr.	7o.ooo

En supposant une marche de 8o jours, l'exploitation de cette installation donnera lieu aux frais ci-après :

Intérêts et amort^{nt} de l'installation 10 0/0..	fr.	7.000
Salaires du personnel..................	»	2.400
Combustible (528 tonnes à fr. 25)........	»	13.200
Eclairage, graissage, divers et entretien..	»	2.000
Total....................	fr.	24.600

représentant, pour une production de 880 tonnes de pulpes sèches, fr. 2,80 par 100 kgs.

Or, les 200 tonnes de betteraves mises en œuvre par la sucrerie fourniront, en 80 jours, 8.000 tonnes de pulpe humide, qui, à raison de fr. 5,00 la tonne, ce qui est un prix élevé pour de la pulpe livrée pendant la fabrication et n'ayant par conséquent subi ni transport, ni frais d'ensilage, ni perte en silos, représentent une valeur de fr. 40.000.

Il en résulte que le prix de revient global des 880 tonnes de pulpes sèches produites sera de :

Prix de la pulpe humide................	fr.	40.000
Frais de dessiccation....................	»	24.600
Total....................	fr.	64.600

représentant fr. 7,35 par 100 kilos.

Et comme les pulpes sèches se vendent actuellement fr. 11 à 12 les cent kilos, on voit que le bénéfice fourni par la dessiccation est de fr. 4,15 par cent kilos de pulpe sèche, représentant fr. 2,30 par tonne de betteraves mises en œuvre dans la sucrerie.

Procédés de dessiccation.

Plusieurs procédés sont employés pour la dessiccation des pulpes ; on peut les classer comme suit :

1º Dessiccation par la vapeur (*procédé Sperber, appareil Impérial, etc.*) ;

2º Dessiccation par les gaz chauds produits dans les fours spéciaux (*procédé Büttner, procédé Pétry et Hecking*) ;

3º Gaz chauds pris au carneau de générateurs (*procédé Huillard*).

Le premier procédé donne le plus beau produit, les pulpes desséchées sont blanches ; la dessiccation se faisant à basse température, il n'y a pas caramélisation ni carbonisation. Mais ce procédé est le plus coûteux ; la dépense de charbon est de 70 kilogr. pour 100 kilogr. de cossettes sèches.

Les procédés Büttner, Pétry et Hecking sont moins coûteux, mais le produit obtenu présente un peu de carbonisation, qui ne nuit pas du reste à sa qualité.

L'appareil Huillard de dessiccation des pulpes est certes le moins coûteux de tous, puisqu'il ne nécessite aucune dépense de combustible et utilise la chaleur perdue à la cheminée.

Les pulpes obtenues avec cet appareil sont sous tous rapports absolument comparables à celles obtenues avec les autres appareils, à condition d'adjoindre, lorsque cela est nécessaire (emploi de charbons gras aux générateurs) des appareils fumivores convenables.

Nous reviendrons plus loin sur les détails techniques des appareils employés dans les divers systèmes de dessiccation, dont la plupart sont organisés pour sécher les matières les plus variées.

Chacun de ces procédés a ses partisans particuliers qui le préfèrent aux autres et les discussions qui se sont engagées, à diverses occasions, dans les réunions de l'Association des chimistes, n'ont pas encore permis, malgré leur ampleur, d'en dégager nettement la réelle supériorité de tel ou tel système.

M. *Aulard*, le distingué chimiste bien connu, s'est livré à une étude comparative des procédés modernes, ceux de Pétry-Hecking et de Huillard, qu'il a vus fonctionner à la sucrerie de Nassandres (Eure). Sur sa demande, le fabricant, M. *A. Bouchon*, a fait prélever divers échantillons de pulpe désignés ci-après, qui furent soumis à l'analyse complète :

1). — Pulpe obtenue avant le montage des fumivores, 91 p. 100 d'eau. Pulpes très noires.

2). — Pulpe obtenue après le montage des fumivores, fumivores marchant le jour, 91 p. 100 d'eau ; plus claires, mais trop noires encore.

3). — Pulpe obtenue après le montage des fumivores, fumivores marchant jour et nuit, 91 p. 100 d'eau ; plus normales.

4). — Pulpe pressée à 87 p. 100 d'eau ; échantillon pris au 5e étage du four Huillard.

5). — Pulpe pressée à 87 p. 100 d'eau ; échantillons pris au 4e étage du four Huillard.

6). — Pulpe pressée à 87 p. 100 d'eau ; échantillon pris au 3e étage du four Huillard.

7). — Pulpe pressée à 87 p. 100 d'eau ; échantillon pris au 2e étage du four Huillard.

8). — Pulpe obtenue après le montage des fumivores ; pulpe pressée : 87 p. 100 d'eau.

	1	2	3	4	5
Matières azotées albuminoïdes...	5,65	6,15	6,75	»	»
Polarisation...	3,20	3,40	3,45	4,00	3,70
Eau...	7,60	8,16	8,20	13,00	21,00
Cendres sulfuriques...	4,03	3,84	3,57	3,10	2,65
Cellulose brute...	15,30	15,12	15,45	»	»
Matières végétales incinérables...	64,22	63,33	62,58	79,90	72,65
	100,00	100,00	100,00	100,00	100,00
Cendres sulfuriques p. 100 de matières totales incinérables...	4,361	4,181	3,889	3,694	3,470
Cendres p. 100 de polarisation...	12,594	11,294	10,348	7,75	7,162

	6	7	8	PÉTRY et HECKING	SUCRERIE de BOURDON
Matières azotées albuminoïdes...	»	»	6,85	6,35	7,20
Polarisation...	2,70	1,50	4,30	2,85	4,40
Eau...	40,00	62,00	9,55	5,85	8,50
Cendres sulfuriques...	1,96	1,05	3,36	4,16	3,20
Cellulose brute...	»	»	14,26	17,60	16,85
Matières végétales incinérables...	55.34	35,45	61.68	63,19	59,85
	100,00	100,00	100,00	100,00	100,00
Cendres sulfuriques p. 100 de matières totales incinérables...	3,394	3,260	37,15	4,418	3.497
Cendres p. 100 de polarisation...	7,259	7,00	78,14	14,596	7,273

De l'ensemble des analyses qu'il a effectuées, Aulard tire les déductions suivantes :

A) Dans les produits qui proviennent d'une dessiccation normale, on peut admettre le rapport cendres p. 100 de polarisation, mais on ne saurait le faire dans des produits ayant subi comme dans le Pétry un commencement de caramélisation.

B) Il est préférable d'admettre le rapport cendres p. 100 de matières totales incinérables ; ce rapport peut légèrement varier, attendu que la matière organique se consume, accroissant d'autant et proportionnellement la matière saline, mais, en tout cas, l'écart ne sera jamais aussi frappant qu'entre les cendres et la polarisation.

C) Dans les produits ci-dessus, il ne peut, dans l'appareil Huillard, y avoir de surchauffe, conséquemment, entre eux, les produits sont comparables pour autant qu'ils proviennent d'une même matière première. La betterave varie, sa composition végétale également ; la diffusion laisse plus ou moins de substances dextrogyres non dissoutes ; il est donc difficile de comparer des produits créés dans des conditions différentes.

D) Toutefois, on peut affirmer qu'à Nassandres, avant l'emploi des fumivores, les cendres étaient en plus grande abondance que dans les cossettes grises, produits normaux d'aujourd'hui. Là encore, il y a une distinction à faire, car la cossette noire aurait pu ne pas renfermer plus de cendres que la cossette normale, les produits la colorant pouvant être des produits bitumineux, ne laissant que peu de cendres à l'incinération.

E) L'apparence extérieure d'un produit n'est pas toujours le critérium de sa valeur ; la pulpe sèche de Huillard pourrait être colorée, ce qu'aujourd'hui elle n'est plus, sans pour cela que sa qualité nutritive et marchande ait à en souffrir ; ne mélange-t-on pas des pulpes sèches avec de la mélasse et ne fait-on pas artificiellement et à grands frais ce que M. Carl Steffen fait si naturellement en laissant la mélasse dans sa cossette sucrée ?

Pulpes mélassées.

A la pulpe sèche on incorpore souvent de la mélasse, on obtient ainsi un aliment plus riche en sucre et le fabricant peut ainsi utiliser directement toute la mélasse qu'il produit.

Supposons qu'on ait 4 kilogr. de mélasse pour 100 kilogr. de betteraves travaillées. A 100 kilogr. de betteraves correspondent environ 6 kilogr. de pulpe sèche. Pour utiliser toute la mélasse produite, on devra donc mélanger la mélasse à la pulpe dans la proportion de deux de mélasse pour trois de pulpe.

Si nous supposons à la mélasse la composition suivante :

Eau....................	25 p. 100
Brix..................	75 p. 100
Sucre................	44 p. 100

Et à la pulpe sèche, une richesse en sucre de 2 p. 100, le produit obtenu en mélangeant mélasse et pulpe dans les proportions indiquées, aura, après dessiccation, une richesse en sucre de 20 p. 100 environ, comme le montre le calcul ci-dessous :

	75 kilogr. pulpe sèche contenant	1 kil.50 sucre
50 kil. mélasse ou	37 kil. 50 extrait sec —	22 kil. » sucre
	112 kil. 50 pulpe mélassée sèche..	23 kil. 50 sucre

Par conséquent 100 kilogr. de produit sec contiennent :

$$\frac{23,50 \times 100}{112,50} = 20 \text{ kil. } 8 \text{ de sucre.}$$

L'incorporation de la mélasse peut se faire de plusieurs façons :

1° Après le séchage des pulpes ;

2° Avant le séchage.

1° Lorsqu'on mélange la mélasse à la pulpe sèche, on doit faire chauffer la mélasse à 90-95°, avant de la verser sur la pulpe sèche ; la masse est ensuite brassée énergiquement. Le mélange peut se faire soit dans la proportion de une partie de mélasse pour deux de pulpe sèche, soit par parties égales.

Le produit obtenu pourra être livré tel quel à la consommation, ou bien séché dans des étuves à vapeur après l'avoir ou non comprimé sous forme de briquettes.

2° Lorsqu'on incorpore la mélasse à la pulpe, avant le séchage, on a plus d'avantage, car on supprime le chauffage de la mélasse et on obtient du premier coup un produit sec.

Cette opération se pratique très facilement avec le procédé Sperber, car les pulpes ne sont pas portées à haute température.

Elle peut se faire également avec les appareils Büttner ou Pétry et Hecking, mais l'opération demande quelques précautions. Pour éviter les caramélisations, le four ne doit pas être porté à une température trop élevée et la mélasse doit être mélangée le plus intimement et le plus uniformément possible à la pulpe.

Voici ci-dessous quelques déterminations faites sur des pulpes mélassées d'origine allemande, obtenues avec les divers procédés :

		Sucre 0/0
Pulpe mélassée	(procédé Sperber).................	26,00
—	(procédé Büttner et Mayer)........	12,20
—	après séchage....................	12,80

Dosage du sucre dans les pulpes sèches.

M. Gaston Fouquet a décrit (dans le *Bulletin de l'Association des Chimistes*, juin 1906) la méthode suivante, qui nous paraît très pratique :

Etant donnée l'augmentation de volume de la pulpe sèche par absorption d'eau, il n'est pas pratique pour l'analyse d'opérer comme pour les cossettes fraîches, sur le poids normal dans 100 cc.

Un procédé commode consiste à peser 15 gr. 90 de pulpe sèche, à les faire passer dans un ballon jaugé de 500 cc., arroser d'eau bouillante, ajouter quelques gouttes de sous-acétate de plomb, et maintenir pendant une demi-heure à 80° C. environ. Après refroidissement on complète à 500, on agite bien et on polarise au tube de 5oo; en doublant la lecture au saccharimètre, on a la richesse pour 100 de la pulpe.

On a déterminé comme suit le poids de 15 gr. 90.

Par expérience directe on a déterminé le volume occupé par 10 gr. de pulpe sèche; ce volume a été trouvé égal à 7 cc. 5, chiffre se rapprochant des déterminations de Gonnermann qui a trouvé 7 cc.

Le poids normal 16 gr. 29 occupera donc 12 cc. 2.

Et on doit prendre par suite :

$$16 \text{ gr. } 29 \text{ dans } 512 \text{ cc. } 2$$
$$\text{ou } 15 \text{ gr. } 90 \; — \; 500 \text{ cc.}$$

Pour la pulpe mélassée on a trouvé que le volume de 10 gr. de pulpe mélassée à 17 p. 100 de sucre était de 6 cc. 4 ; le poids normal à peser pour un volume de 500 cc. est par suite 15 gr. 95.

Il est bien évident que le poids normal de la pulpe mélassée varie avec la richesse de cette pulpe en mélasse.

Le mélange le plus riche en sucre, que l'on fasse, est en général une partie de mélasse pour une de pulpe sèche. Si on suppose la mélasse à 80 p. 100 d'extrait et quarante-huit de sucre, 100 gr. de pulpe sèche mélassée contiendront :

$$55 \text{ gr. } 5 \text{ de pulpe sèche.}$$
$$44 \text{ gr. } 5 \text{ d'extrait de mélasse.}$$

Et le volume occupé par 10 gr. de cette pulpe sera par suite de :

$$7,5 \times 0,555 = 4 \text{ cc. } 16 :$$

Le poids à peser serait par suite de 16 gr. 07, toujours pour un volume de 500 cc.

On voit qu'on peut prendre, sans erreur sensible, la valeur moyenne 16 gr., pour la pulpe mélassée, l'erreur ainsi commise ne dépassera pas les erreurs d'expérience que l'on peut faire, notamment une erreur de $\dfrac{1}{10}$ au polarimètre.

L'augmentation de volume par absorption d'eau étant moins

grande à poids égal, pour la pulpe mélassée que pour la pulpe sèche, on pourra pour la pulpe mélassée opérer avec un ballon de 250 cc. et polariser au tube de 500. On aura la richesse en sucre par lecture directe ; dans ce cas, le poids de pulpe mélassée à peser variera de 15 gr. 52 à 15 gr. 82, suivant la richesse de la pulpe en sucre. En prenant, dans tous les cas, un poids de 15 gr. 65, l'erreur commise de ce fait sera inférieure à $\dfrac{15}{1000}$.

Pour terminer ce chapitre nous reproduisons le tableau suivant, dressé par Maerker, de la composition centésimale des pulpes fraîches, ensilotées et desséchées.

Composition chimique des pulpes.

Tableau dressé par le professeur Maerker.

	Pulpes fraîches pressées			Pulpes conservées en silos			Pulpes désséchées		
	Maximum	Minimum	Moyenne	Maximum	Minimum	Moyenne	Maximum	Minimum	Moyenne
Matières albuminoïdes........	1,26	0,63	0,89	1,92	0,59	1,07	7.25	6,06	6,54
Cellulose brute..	3,25	1,73	2,39	4,29	1,73	2,80	20,17	17,77	18,57
Matières extractives non azotées.........	8,94	4,27	6,32	8,65	3,86	6,41	60,54	52,09	56,29
Matières grasses.	0,07	0,03	0,05	0,30	0,03	0,11			
Cendres........	0,70	0,31	0,58	1,96	0,39	1,09	7,40	4,90	6,02
Eau............	93,01	85,59	89,77	90,97	84,26	88,52	15,76	9,17	12,58

CHAPITRE III

Dessiccation des betteraves.

L'idée de dessécher les betteraves découpées en cossettes, en vue d'une conservation plus longue, et de macérer ou diffuser les cossettes desséchées, est fort ancienne, et *Schützenbach* l'a appliquée en 1837 ; depuis cette époque lointaine d'autres inventeurs ont essayé de la mettre en pratique. Vers le milieu du XIXe siècle, la *sucrerie de Bourdon* (Puy-de-Dôme) a travaillé pendant toute une campagne des betteraves desséchées au moyen d'appareils spéciaux, mais les résultats réalisés n'ont pas répondu aux desiderata des intéressés et le procédé fut abandonné.

En 1892, un inventeur, *M. Massonneau*, s'est fait breveter un système de fabrication de sucre au moyen de betteraves sèches respectivement de cossettes desséchées, en visant les avantages suivants :

Au lieu de travailler la betterave fraîche, elle est préalablement soumise à la dessiccation dans un appareil spécial également breveté.

A cet état, la betterave perd 80 o/o de son poids par évaporation de son eau de constitution sans que ses principes sucrés en soient altérés, et la durée de sa conservation devient illimitée en magasin.

Par cela même, n'étant plus obligé de terminer le travail en 90 jours, on peut installer de petites usines dont la dépense d'installation se trouve à la portée de tous les agriculteurs, qui peuvent alors fabriquer eux-mêmes leurs récoltes sans être tributaires des grandes usines.

Ce procédé supprimera comme outillage tout le matériel le

plus dispendieux des sucreries actuelles, tel que matériel d'évaporation et de carbonatation, qu'il remplacera par un outillage très simple, par conséquent peu coûteux, et, par un moyen chimique d'épuration, qui trouve ensuite son emploi, après avoir servi à la fabrication, comme engrais de grande puissance.

Ce n'est pas seulement un progrès technique que l'inventeur visait, mais surtout une modification de la situation économique de l'industrie sucrière, par la création de petites sucreries agricoles. Il faut reconnaître que l'idée ne manquait pas d'originalité.

Ce procédé a subi le sort de ses devanciers, parce qu'à l'époque où il a fait son apparition, c'est-à-dire en 1892, les appareils de dessiccation rationnelle et économique étaient encore inconnus. Ce n'est qu'en 1894 que la question fut reprise avec plus de succès, par MM. Müntz et Girard, dont les premiers essais ont été faits à l'aide de l'appareil Donard (décrit page 111), employé pour la dessiccation de différents produits. Les betteraves divisées en cossettes, comme cela se pratique pour la diffusion, donnaient un produit qui se présentait sous la forme granulée et non pulvérente, assez semblable à des grains de seigle. Les expériences poursuivies ultérieurement sur le cheval par MM. Müntz et Girard laissaient prévoir les avantages de l'alimentation du bétail par les cossettes desséchées de betteraves, mais le problème de la dessiccation était loin d'être résolu. Ce sont les travaux de M. Lafeuille qui ont imprimé une nouvelle voie à cette question intéressante.

Procédé Lafeuille.

On sait qu'en sucrerie le travail de la betterave doit se faire très vite, à cause de sa conservation de peu de durée : l'ensilage dénature une partie du sucre qu'elle contient. L'industrie sucrière ne dure donc que quelques mois, et cette irrégularité du travail est un grave inconvénient. M. Lafeuille, s'étant trouvé en Egypte aux prises avec ces difficultés accrues par le climat et par les déplorables conditions de transport, a cherché et trouvé une solution dans un procédé qui conserve sans altération le sucre dans la betterave séchée. L'emploi de la chaleur seule devait donc être proscrit. M. Lafeuille, se servant d'un générateur pour actionner le coupe-racines d'où sortent les cossettes, établit ce coupe-racines à un niveau élevé de plusieurs mètres au-dessus du sol ; les cossettes tombent dans une tubulure qui sert en sens inverse à l'évacuation d'une partie de la chaleur du générateur, et à ce contact elles stérilisent leurs cellules ouvertes. Reçues par une toile sans fin, elles circulent très lentement, sur une longueur d'environ 50 mètres, au-dessus de chambres successives, par lesquelles elles reçoivent de puissants courants d'air froid ; à l'extrémité de la toile, l'opération est terminée : la cossette ne contient plus que 15 pour 100 d'eau et 60 pour 100 de sucre extractible, c'est-à-dire intact.

La conservation, — l'expérience l'a montré, — dépasse... six mois sous de simples hangars. Pratiqué, après l'Egypte, en Italie et en Espagne, ce procédé a paru intéressant pour la betterave alimentaire, car, en mettant la cossette séchée dans l'eau, on reconstitue la betterave fraîche absolument intacte.

Le prix de revient du séchage peut être établi comme suit par tonne de betteraves fraîches :

		fr. c.
Charbon : 160 kilogrammes à 2 fr. 50 les 100 kilogrammes.		4 00
Force motrice..		0 50
Main-d'œuvre { pour le nettoyage et la division des racines.		1 40
{ pour la dessiccation et l'ensilage..........		1 60
Total....................		7 80

A cette somme il convient d'ajouter les frais généraux d'amortissement et d'entretien, les licences de brevets, etc. La dessiccation de la tonne de betteraves pourrait alors revenir à 12 francs.

Plusieurs sécheries de betteraves furent installées avec des succès divers. L'une d'entre elles a remplacé ensuite le système Lafeuille par celui de Pétry et Hecking (décrit page 140), dont les appareils se composent d'un four en maçonnerie avec un foyer à grille inclinée et chargeur mécanique où l'on produit les gaz chauds. La cossette est amenée à l'extrémité et en haut du four et projetée dans les gaz chauds, elle s'engage ensuite avec les gaz dans un tambour incliné animé d'un mouvement de rotation autour de son axe; ce tambour est logé presque entièrement dans une enveloppe en maçonnerie, il porte sur son pourtour des tôles disposées suivant des hélices, de façon que les cossettes à la sortie du tambour circulent en sens inverse à l'extérieur de ce même tambour et achèvent de se sécher. Les gaz aspirés par un ventilateur passent dans une chambre à poussière avant d'être envoyés à la cheminée. — On reproche à ce procédé de dessiccation de donner un produit mélangé de cendres de charbon entraînées par les gaz chauds. Des analyses du produit obtenu montrent que la quantité de cendres qui peut se mélanger ainsi est insignifiante. La betterave de la campagne 1908-09 a donné un produit desséché contenant en moyenne :

4,13 de cendres
et 7 à 10 p. 100 d'eau.

La teneur en cendres de la pulpe humide ramenée à la même teneur en eau était en moyenne de 4 p. 100.

La consommation de charbon par l'appareil Pétry et Hecking est de 60 à 64 kilogr. de charbon pour 100 kilogr. de cossettes sèches.

Remarquons tout de suite que les appareils établis pour dessécher des pulpes épuisées ne donnent pas encore des résultats parfaits avec des cossettes sucrées, et que, de ce côté, il y a encore des progrès à réaliser.

Choix des betteraves.

Le combustible étant l'un des facteurs les plus importants dans l'établissement du prix de revient des cossettes sèches parce qu'il est consommé en quantité d'autant plus grande que les betteraves sont plus aqueuses, on comprend que le choix des betteraves présente une grande importance. Dans le tableau suivant, MM. Münz et Girard (1) ont fait la comparaison des trois classes de betteraves : *fourragères, de distillerie* et *de sucrerie*, lesquelles renferment des proportions variables de sucre et de matières sèches.

	BETTERAVES		
	Fourragères	de distillerie	de sucrerie
Rendement à l'hectare — Maximum (kg)	60.000	45.000	30.000
Rendement à l'hectare — Minimum (kg)	50.000	40.000	25.000
Rendement à l'hectare — Moyen (kg)	55.000	42.500	27.500
Sucre % de betteraves	4 à 5	11 à 12	14 à 16
» en moyenne	4,5	11,5	15
Sucre à l'hectare (kg)	2.475	4.890	4.125
Cossettes séchées à 13 % d'eau % de betteraves	10,9	18,96	22,98
Eau évaporée pour 100 kg. de betteraves	89.1	81,04	77,02
100 kg. cossettes sèches nécessitent kg. de betteraves brutes	917	536	442
Eau à évaporer (kg)	817	436	342
100 kg. cossettes sèches contiennent kg. de sucre	41,3	60.6	63.25
Coût des betteraves décolletées, la tonne		16	24
» » non décolletées		15	22
Coût des betteraves brutes % de cossettes sèches		7 fr. 90	9 fr. 80
En comptant une évaporation de 6 ½ kg. d'eau par kg. de charbon, à 30 fr. la tonne, 100 kg. cossettes sèches nécessitant kg. de charbon		62,5	51,5
Coûtant		1 fr. 88	1 fr. 55

Le simple raisonnement montre que, pour obtenir la même quantité de cossettes, il faudrait évaporer beaucoup plus d'eau avec les betteraves fourragères qu'avec les betteraves sucrières et demi-sucrières. D'après MM. Müntz et Girard, la quantité d'eau à évaporer par 100 kilogr. de cossettes s'élèverait à :

	fourragères	817 kilogr.
Betteraves	de distillerie	436
	de sucrerie	342

(1) V. A. Müntz et A.-Ch. Girard, l'Alimentation sucrée par les betteraves desséchées. (*Annales de l'Institut agronomique*, 2ᵉ série, t. III, fascicule I, pp. 181 à 221.)

Il faut donc éliminer les betteraves exclusivement fourragères pour la préparation des cossettes.

Le choix doit se faire entre la betterave de distillerie et la betterave de sucrerie. Les secondes donnent incontestablement un produit plus riche et exigent une moindre évaporation d'eau, mais leur prix d'achat est plus élevé. Il faut en moyenne, d'après les chiffres fournis par MM. Müntz et Girard, 442 kilogr. de racines sucrières fraîches et 536 kilogr. de racines demi-sucrières pour faire 100 kilogr. de cossettes desséchées à 13 p. 100 d'eau.

En admettant une dépense de 12 francs pour la dessiccation d'une tonne de betteraves fraîches, en supposant que l'on paye 25 francs les 1.000 kilogr. de racines sucrières rendues à l'usine et 18 francs les racines demi-sucrières, le quintal de cossettes desséchées reviendrait, selon M. Malpeaux, à :

	Betteraves	
	Sucrières.	Demi-sucrières.
	fr. c.	fr. c.
Prix des racines....................	10 05	9 65
Dépense de séchage (12 francs par tonne).	6 3o	6 45
Prix du quintal de cossettes.....	16 35	16 10

Il y a entre la betterave sucrière et la betterave demi-sucrière un écart de 25 centimes compensé par la plus-value du produit obtenu, qui contient environ 5 kilogrammes de sucre en plus par 100 kilogr.

Ces chiffres n'ont pas la prétention d'être rigoureusement exacts, le calcul du prix de revient pouvant varier suivant les circonstances.

Valeur alimentaire des cossettes.

Les cossettes desséchées se présentent sous forme de petites lanières grisâtres dégageant une odeur agréable. Elles se conservent pendant plusieurs mois sans aucune altération, le sucre qu'elles renferment jouant le rôle d'antiseptique. Exposées en couches minces dans un endroit humide elles reprennent une certaine quantité d'eau, mais conservées en sac dans un magasin aéré et sec elles restent dans un parfait état de siccité. Dans les expériences de M. Malpeaux, c'est seulement lorsque les cossettes ont été placées au laboratoire dans une atmosphère saturée d'humidité que la proportion d'eau a atteint 3o p. 1oo après un mois. Les mêmes produits conservés en magasin dans un endroit sec ne renfermaient après 5 mois que 13 p. 1oo d'eau. Dans des cossettes envoyées au laboratoire en juillet 19o4, le taux d'humidité après un an ne dépassait pas 14,20 p. 1oo. On peut donc affirmer que les cossettes desséchées de betteraves sont d'une conservation parfaite.

La composition des cossettes varie avec celle des racines qui ont servi à les préparer.

Voici les résultats d'analyses effectuées par MM. Müntz et Girard :

	I	II
Eau	14,5o	1o,oo
Matières azotées totales (Az $\times$ 6,25)	6,19	6,o7
» » albuminoïdes	3,o6	3,94
Saccharose	54,20	58,o6
Glucose	2,70	2,42
Cellulose	4,20	4,14
Matières minérales	4,8o	4,64
Matières solubles dans l'éther	o,13	o,22
Matières ternaires diverses	13,28	14,45

En somme, prise dans son ensemble, la composition des betteraves à sucre desséchées se rapproche sensiblement de celle des grains tels que seigle, orge, avoine, maïs, blé, avec une richesse moindre en matières azotées, mais avec une richesse plutôt supérieure en matières hydrocarbonées, constituées en grande partie par du sucre cristallisable dont la valeur alimentaire est supérieure à celle de l'amidon.

Si nous calculons comparativement à l'avoine les éléments

digestibles contenus dans un kilógr. de cossettes, nous trouvons :

Eléments.	Cossettes.	Avoine.
	gr.	gr.
Matières { azotées.....................	39	80
{ grasses..................	2	24
Sucre...........................	560	»
Hydrates de carbone.................	115	578
Totaux..............	716	682

Ces chiffres permettent d'affirmer la haute valeur alimentaire des cossettes, valeur peu différente de celle des grains employés dans l'alimentation des animaux et dont l'avoine est le type.

Expériences d'alimentation.

L'analyse chimique ne suffit pas pour déterminer la valeur nutritive d'un aliment, il faut encore voir comment il est accepté par le bétail et utilisé par l'organisme.

C'est pourquoi M. Malpeaux a entrepris à l'Ecole de Berthonval une série d'expériences en vue de préciser les effets de l'introduction des cossettes dans la ration des chevaux, des bovidés et des moutons. La *Compagnie des sécheries du Calaisis et du Boulonnais* a mis à la disposition de ce savant une quantité suffisante de ces produits afin de lui permettre de poursuivre les essais aussi longtemps qu'il était nécessaire pour en obtenir des résultats véritablement pratiques. Nous allons reproduire les passages de son intéressant mémoire (1) qui relatent ces essais

I. — *Expériences sur les chevaux.*

On a opéré sur six chevaux de race boulonnaise qui ont reçu tous des cossettes pendant quelques jours de façon à les habituer à ces nouveaux produits. Les cossettes étaient distribuées

---

(1) V. le mémoire détaillé de M. Malpeaux dans le *Bulletin mensuel de l'Office de renseignements agricoles* (avril 1906).

deux fois par jour, le matin et le soir, en mélange avec l'avoine.

Les chevaux les ont tout d'abord refusées, comme toute denrée qu'on leur présente pour la première fois ; mais après quelques repas, ils les acceptaient sans difficulté et les mangeaient même avec avidité lorsqu'on en leur donnait sans mélange.

Après cette période préliminaire, on a fait deux lots des chevaux en expérience. Le 2ᵉ lot, servant de témoin, était nourri dans les conditions normales avec une ration composée de :

	k.	gr.
Avoine..	7	5oo
Foin de luzerne..............................	6	ooo
Paille de blé................................	5	ooo

Le 1ᵉʳ lot recevait la ration modifiée, les cossettes étaient employées à raison de 2 à 3 kilogr. par tête et par jour en remplacement de 2 à 3 et 4 kilogr. d'avoine. La dose de 3 kilogr. de cossettes, qui apportait à l'organisme de 1 kilogr. 680 de sucre, n'a pas eu d'influence défavorable sur la santé et l'état général des chevaux ; elle n'a provoqué ni diarrhée, ni accident visible. Pour fournir la même quantité de sucre avec la mélasse, il aurait fallu en employer plus de 4 kilogr. par jour, proportion qui dépasse certainement la limite de tolérance de l'organisme.

L'expérience comprenait trois périodes :

La 1ʳᵉ, du 16 novembre au 29 décembre, pendant laquelle la ration de cossettes est portée à 2 kilogr. en remplacement de 2 kilogr. d'avoine.

La 2ᵉ période, du 29 décembre au 29 janvier, pendant laquelle la ration de cossettes est portée à 3 kilogr.

La 3ᵉ période, du 26 janvier au 23 février, pendant laquelle 3 kilogrammes de cossettes étaient distribués en remplacement de 4 kilogrammes d'avoine.

Nous indiquons ci-après la composition des différentes rations expérimentées :

1° Ration ordinaire.

DÉSIGNATION	QUANTITÉ D'ALIMENTS	MATIÈRES			HYDRATES de CARBONE	OBSERVATIONS
		SÈCHES	AZOTÉES	GRASSES		
	kilogr.	k. gr.	k. gr.	k. gr.	k. gr.	
Avoine..........	7 500	6 502	0 628	0 300	3 545	Somme des éléments nutritifs : $1,363 + 390 \times 2,4 + 7,523 = 9^{k}860$. Relation nutritive : $\dfrac{MA}{MNA} = \dfrac{1}{6,2}$.
Foin de luzerne..	7 000	6 048	0 700	0 070	2 198	
Paille de blé....	5 000	4 275	0 040	0 020	1 780	
Totaux.......	19 500	16 835	1 363	0 390	7 523	

2° Ration avec cossettes

DÉSIGNATION	QUANTITÉ D'ALIMENTS	MATIÈRES			HYDRATES de CARBONE	OBSERVATIONS
		SÈCHES	AZOTÉES	GRASSES		
	kilogr.	k. gr.	k. gr.	k. gr.	k. gr.	
PREMIÈRE PÉRIODE						
Avoine..........	5 500	4 768	0 456	0 220	2 601	Somme des éléments nutritifs digestibles : $1,274 + 314 \times 2,4 + 7,929 = 9^{k},969$. Relation nutritive : $\dfrac{1}{6,8}$
Cossettes........	2 000	1 734	0 078	0 004	1 350	
Foin............	7 000	6 048	0 700	0 070	2 198	
Paille..........	5 000	4 285	0 040	0 020	1 780	
Totaux.......	16 500	16 835	1 274	0 314	7 929	
DEUXIÈME PÉRIODE						
Avoine..........	4 500	3 901	0 373	0 170	2 128	Somme des éléments nutritifs digestibles . $1,230 + 296 \times 2,4 + 8,131 = 9^{k},883$. Relation nutritive : $\dfrac{1}{7}$
Cossettes........	3 000	2 601	0 117	0 006	2 025	
Foin............	7 000	6 018	0 700	0 070	2 198	
Paille..........	5 000	4 285	0 040	0 020	2 080	
Totaux.......	19 500	16 835	1 230	0 296	8 131	
TROISIÈME PÉRIODE						
Avoine..........	3 500	3 034	0 290	0 140	1 655	Somme des éléments nutritifs digestibles : $1,147 + 236 \times 2,4 + 7,658 = 9^{k},881$.
Cossettes........	3 000	2 601	0 117	0 006	2 025	
Foin............	7 000	6 048	0 700	0 070	2 198	
Paille..........	5 000	4 285	0 040	0 020	1 780	
Totaux.......	18 500	15 968	1 147	0 236	7 658	

DÉSIGNATION des CHEVAUX	PREMIÈRE PÉRIODE							DEUXIÈME PÉRIODE				TROISIÈME PÉRIODE			
	17 nov.	24 nov.	1er déc.	8 déc.	15 déc.	22 déc.	29 déc.	5 janv.	12 janv.	19 janv.	26 janv.	2 févr.	9 févr.	16 févr.	23 févr.
PREMIER LOT															
Lisette	621	612	616	627	624	624	625	630	631	630	620	626	624	610	620
Favori	617	611	617	627	625	636	638	640	638	640	641	640	635	635	622
Gamin	635	633	633	639	637	641	636	639	634	634	646	648	645	638	639
Totaux	1,873	1,856	1,866	1,893	1,886	1,901	1,899	1,909	1,903	1,904	1,913	1,914	1,904	1,883	1,881
Moyennes	624	618	622	631	628	633.5	633	636	634	634.5	637	638	634	627.5	627
DEUXIÈME LOT															
Bob	674	671	670	671	678	675	680	685	695	678	685	684	681	678	681
Riquelette	615	614	619	615	625	622	623	621	621	616	622	618	617	605	604
Caprice	613	610	615	611	615	614	620	619	610	608	616	615	610	605	600
Totaux	1,902	1,895	1,904	1,897	1,918	1,911	1,923	1,925	1,926	1,901	1,923	1,917	1,908	1,888	1,885
Moyenne	634	631,5	634,5	632	639	637	641	641,5	642	634	641	639	636	629	628

TRAVAUX de semailles   TRAVAIL MODÉRÉ, pluie.   TRAVAIL MODÉRÉ, gelées   LABOURS et transports

augmenter la richesse, qui est cultivée sur des terrains médiocres quand ils ne sont pas de mauvaise qualité, qui ne demande pour donner son maximum de rendement qu'un apport modéré de fumier, le topinambour contient en principes digestifs nutritifs 2 p. 100 de plus qu'une betterave exceptionnellement riche, qui, elle, a dû être semée sur des terres très fertiles d'excellente qualité, et qui a nécessité, pour arriver à ce résultat, des dépenses considérables d'engrais, de binages, sarclages et autres.

Toutefois, la culture du topinambour est souvent entravée par la difficulté de conservation, car le tubercule se ramollit promptement lorsqu'il est sorti de terre, et ne se conserve que peu de jours.

Le cultivateur se trouve placé dans l'alternative suivante : ou avoir une très grande quantité d'animaux pour consommer les topinambours au fur et à mesure de la récolte, et alors, cette dernière terminée, vendre presque tout le bétail quel que soit le degré d'engraissement ; ou au contraire n'avoir que peu de bêtes à l'étable et risquer de perdre une partie importante de la récolte.

Avec la dessiccation tous ces inconvénients disparaissent.

VALEUR ALIMENTAIRE DES TOPINAMBOURS DESSÉCHÉS.

Aubin, qui a étudié cette question en 1903, s'exprimait dans les termes suivants :

« *Valeurs comparées du topinambour frais et du topinambour desséché à 15 p. 100 d'humidité ;*

« En prenant comme base de notre calcul les analyses récentes de MM. Ach. Müntz et A.-Ch. Girard, sur le topinambour, nous avons, pour la composition centésimale du tubercule frais et du produit desséché et découpé en rondelles, les chiffres consignés dans le tableau de la page 66.

« De ces chiffres, il résulte qu'il faut 3.724 kilogr. de topinambours frais pour fournir une tonne de rondelles desséchées à 15 p. 100 d'humidité.

SUBSTANCES DOSÉES	COMPOSITION CENTÉSIMALE	
	Tubercules frais.	Rondelles desséchées
Protéine..........................	2,03	7,55
Sucre et inuline..................	14,27	53,10
Matières grasses.................	0,12	0,44
Cellulose........................	0,88	3,28
Matières pectiques...............	4,09	15,33
Matières minérales...............	1,43	5,32
Matières fixes...................	22,82	85, »
Eau.............................	77,18	15, »
Total.................	100, »	100, »

« D'un autre côté, si nous considérons les rendements en tubercules à l'hectare, nous voyons qu'ils varient de 8.000 à 60.000 kilogr. avec une moyenne de 28.000 kilogr. pour les terres sableuses de moyenne fertilité ; et que les dépenses à l'hectare varient de 160 francs à 652 fr. 80, avec une moyenne de 406 fr. 40, soit une dépense de 14 fr. 50 par tonne de tubercules.

« Il s'ensuit que, pour obtenir une tonne de rondelles desséchées, il faudra employer 3.724 × 14 fr. 50 = 53 fr. 99 de tubercules frais.

« Si l'on applique les prix ordinaires des principes alimentaires des fourrages au calcul du prix de vente de ces rondelles, on obtient les chiffres ci-dessous :

75 kilog. 5 de protéine à 0 fr. 40............ 30,20
531 kilog. 9 de sucres à 0 fr. 20............ 106,38
4 kilog. 4 de matières grasses à 0 fr. 60.. 2,64

« Ainsi la tonne de rondelles desséchées pourrait se vendre 139 fr. 22. Entre ce prix et celui des tubercules frais employés, soit 54 francs, nous trouvons une différence de 139 fr. 22 — 54 = 85 fr. 22, grandement suffisante pour comprendre les frais de dessiccation, les frais de vente et un honnête bénéfice.

« Mais actuellement, on peut affirmer que ces évaluations sont inférieures à la réalité, et, si nous consultons les mercuriales, nous trouvons, pour les produits similaires, des chiffres beaucoup plus élevés. »

Outre sa grande richesse en matières nutritives et sa grande rusticité, le topinambour possède deux autres qualités qui en font une exception dans tous les végétaux que nous cultivons, c'est de n'être attaqué par aucun insecte, et d'avoir été jusqu'à présent indemne de toute espèce de maladie, en sorte que la récolte est toujours assurée.

MM. Müntz et A.-Ch. Girard, après avoir poursuivi pendant plusieurs années des expériences très complètes sur cette plante, résument ainsi leur opinion :

« Les tubercules de topinambour constituent un excellent aliment qui est appété par tous les animaux. Boussingault admet que 280 kilogrammes de tubercules équivalent à 100 kilogrammes de foin. Cependant, lorsqu'ils sont donnés en quantité exagérée et à l'*état cru*, ils peuvent occasionner la météorisation chez les ruminants; chez les chevaux qui les consomment avec avidité, ils produisent, dit-on, la fourbure; souvent aussi ils occasionnent des symptômes d'ivresse, qui s'expliquent par la forte proportion de sucre fermentescible qu'ils renferment. *Lorsqu'on les fait cuire*, ces inconvénients disparaissent; les porcs à l'engrais en tirent un bon parti, quand on les leur donne dans cet état.

« L'époque à laquelle on les récolte généralement, alors que les betteraves et les autres fourrages frais ont disparu, permet dans bien des cas de faire un engraissement supplémentaire.

« Le topinambour est un aliment dans lequel les diverses substances nutritives sont utilisées en très forte proportion. Les éléments hydrocarbonés, tels que sucre et inuline, sont digérés en totalité, les corps cellulosiques eux-mêmes n'échappent à la digestion que dans une proportion très faible.

« Ce que nous retrouvons comme matières azotées et matières grasses doit être attribué plutôt à des produits de désassimilation qu'à une résistance des matériaux des aliments à l'action du canal digestif.

« En se plaçant au point de vue de l'hivernage, nous voyons que le topinambour récolté à la fin de l'hiver a été plus abondant que celui qui a été récolté au commencement de l'hiver.

« La végétation étant arrêtée pendant cette période hivernale, on peut admettre que ce rendement plus élevé est dû à une émigration vers le tubercule des éléments qui avaient été accumulés par les parties aériennes, et que cette migration a continué, alors même que les organes foliacés ne fonctionnaient plus comme assimilateurs de l'acide carbonique aérien. »

La dessiccation produisant une sorte de cuisson de la plante fera donc disparaître complètement les quelques inconvénients signalés par MM. Müntz et A.-Ch. Girard ; elle permettra également de ne récolter le trop-plein de la récolte qu'en fin de saison, ce qui en augmentera la richesse, ainsi que l'ont constaté les savants ci-dessus nommés :

DESSICCATION. — C'est aux persévérants efforts de M. *Georges de Chergé* qu'on doit la réalisation pratique du difficile problème de la dessiccation des topinambours. En effet, la nature spéciale du sucre contenu dans ces tubercules, lequel ne cristallise pas et rend la masse pâteuse, offre de sérieuses difficultés au broyage et à la dessiccation.

Pour broyer les tubercules, M. de Chergé préconise le broyeur à choc sans frottement, système Sloan, qui marche à grande vitesse (3.000 à 3.500 tours à la minute), avec lequel il n'y a redouter ni échauffement ni blocage. La matière divisée est desséchée au moyen d'un appareil Pétry et Hecking convenablement modifié. Comme les cossettes desséchées sont hygroscopiques et s'hydratent au bout de quelques jours, M. de Chergé eut l'idée de les agglomérer par l'action, pendant une à deux minutes, d'un courant de vapeur surchauffée, suivie d'une compression convenable.

M. *Guillin*, directeur du Laboratoire de la Société des Agriculteurs de France, a étudié les tourteaux ainsi préparés au point de vue de leur conservation et utilisation agricole ou industrielle. Il estime que ces tourteaux macérés dans l'eau reprennent leur état primitif et deviennent ainsi une bonne nourriture pour le bétail. Les essais de fermentation ont également bien réussi ; le traitement à la vapeur surchauffée en vue de l'agglutination paraît favorable à la fermentation du moût extrait.

L'analyse des tourteaux des topinambours a donné le résultat suivant :

Protéine........................	8,12
Matières grasses.................	0,44
Extractif non azoté..............	70,48
Cellulose.......................	3,30
Matières minérales..............	3,92
Humidité.......................	13,74
	100,00

PRINCIPES NUTRITIFS DIGESTIBLES

Protéine.......	6,43 pour 100 dont	{ matières albuminoïdes 2,83	
		(amides............. 3,60	
Matières grasses	9,28	—	
Matières hydro-carbonées....	71,58	— y compris cellulose digestible.	1,98
Somme de principes nutritifs digestibles	78,68	— (m. azotées + m. grasses × 2,4 + m. hydrocarbonée).	
Matières sucrées totales.......	61,60	— dont { synanthrose....... 59,40 } inuline.............	2,20

Suivant qu'ils sont destinés aux chevaux, aux bêtes à cornes, aux moutons ou aux porcs, à l'élevage, à la nourriture des vaches laitières ou à l'engraissement, la composition de ces tourteaux peut être modifiée par des mélanges tels que ceux de betteraves, carottes, pommes de terre, trèfle, luzerne, sainfoin, ajonc, grains, produits oléagineux, etc., appelés à en augmenter ou à en diminuer la teneur, suivant le cas, en matières azotées, hydrocarbonées, grasses ou sucrées.

La matière de ces tourteaux, préalablement soumise à la dessiccation dans des étuves ou fours-séchoirs, qui en réduisent l'humidité à 10 ou 15 pour 100, est ensuite agglomérée par un procédé spécial. Ils sont alors soumis, au moyen d'une presse hydraulique ou autre, à une forte compression qui en réduit considérablement le volume, en assure pour *un temps illimité* la parfaite conservation et en facilite le transport. Pour faire consommer les tourteaux, il suffit de les plonger dans une cuve contenant un poids d'eau trois fois supérieur au leur. Si l'eau est chaude, le ramollissement est très rapide.

CHAPITRE VIII

Dessiccation des marcs de raisin.

Les progrès remarquables réalisés depuis quelques années par les constructeurs d'appareils de dessiccation ont beaucoup contribué au développement de la consommation du sucre dans l'alimentation du bétail, tant sous forme de sucres roux dénaturé, de fourrages mélassés, que sous celle de betteraves desséchées. Nous empruntons les considérations suivantes au mémoire de M. *Chaboissier*, dont il sera question plus loin.

C'est l'insuffisance des matières fourragères récoltées et la nécessité d'y suppléer par des produits d'importation, qui contribueront puissamment au développement de l'alimentation sucrée, afin de diminuer un peu ce que nous sommes obligés d'acheter hors de France pour nourrir notre bétail.

En effet, les importations de céréales fourragères ont atteint, en 1906 :

```
Avoine... 4,698,648 quintaux.. à 19, l'un rendu...  89.274.312 fr
Maïs.....  3,682,784    »     .. à 15,  »     »  ...  55.241.760 »
Orge.....  1,134,918    »     .. à 18,  »     »  ...  20.428.524 »
                                                     ─────────────
              Total du numéraire déboursé..  164,944,596 »
```

Si nous ajoutons à ce chiffre, déjà effrayant, la valeur des tourteaux alimentaires dont nous achetons la matière première en Egypte, en Russie, aux Indes, en Océanie ou en Amérique, nous reconnaîtrons que l'agriculture française a dû exporter plus de deux cent millions de francs en numéraire pour assurer l'entretien et l'engraissement de son bétail.

S'appuyant, avec raison, sur l'autorité de savants tels que MM. Chauveau, Grandeau et Müntz, M. le député Thierry, dans un rapport présenté à la commission des douanes de la Chambre, a pu dire que 600 grammes de sucre ayant la même puissance nutritive que 900 grammes d'avoine peuvent les remplacer dans l'alimentation des animaux ; on en conclura que 470.000 tonnes d'avoine seraient économiquement remplacées par 313.300 tonnes de sucre, puisque celles-là nous coûtent 90 millions payés à l'étranger et que les secondes nous seraient cédées pour 80 millions seulement de numéraire conservé en France à la disposition de notre commerce et de notre industrie.

Toutefois, il faut pourtant bien le reconnaître, le sucre ne saurait remplacer complètement les grains, non plus que les tourteaux, dans l'alimentation des herbivores. Merveilleux producteur d'énergie, digestif incomparable, il se transforme entièrement par l'action des sucs stomacaux en calories ou en graisse, mais ne produit ni muscles, ni certains éléments du sang ; il est donc un aliment incomplet, celui toutefois que l'animal peut avantageusement ingérer en proportion beaucoup plus élevée que tout autre.

L'analyse du foin, admis comme le type de la nourriture du bétail, nous indique en quelle proportion doivent se trouver réunis les principes nutritifs dans la ration des herbivores.

Le foin contient pour *un* de matières azotées, de *six* à *dix* de matières grasses ou hydro-carbonées ; ces dernières, dont le sucre est la forme la plus digestible, peuvent entrer sans inconvénient dans le rapport pour *huit* et même davantage contre *un*, des premières.

Ce qui manque surtout au sucre pur comme générateur de viande, c'est la matière azotée ; elle lui fait entièrement défaut. Or, l'élément protéique indispensable à la vie animale est rare et... cher ; dans l'estimation des principes nutritifs que doit renfermer la ration, le kilogramme de protéine est coté 0,50, alors que les hydrates de carbone sont estimés 0,20 le kilogramme.

Aussi semble-t-il. *a priori*, peu économique de faire entrer dans l'alimentation du bétail pratiquée en vue d'un profit, avec le sucre dont le prix de revient laisse déjà peu de marge au bénéfice, un principe nutritif de prix plus élevé encore, l'association du sucre et de la protéine albuminoïde devant vraisemblablement constituer un aliment précieux, mais trop coûteux pour être admis dans la pratique agricole, obligée à l'économie.

Malgré ces données peu encourageantes, un agriculteur distingué et persévérant, M. *Victor Chaboissier* (de Clermont-Ferrand), a poursuivi depuis plusieurs années la solution du problème de l'alimentation rémunératrice par l'association de ces éléments nutritifs de haute valeur, en utilisant une matière considérée jusqu'ici comme déchet sans valeur et dédaignée là peut-être surtout où, produite en plus grande quantité, elle ne coûterait qu'un prix infime.

Nous extrayons les passages suivants d'un mémoire que M. Chaboissier a publié sur ce sujet dans le *Bulletin de la Société des Agriculteurs de France* (nos des 1er et 15 décembre 1908), et auquel fut attribué le *Prix agronomique* de la Section des industries agricoles :

« Nous avons remarqué, dit l'auteur de ce mémoire, le long des chemins ruraux dans la campagne, aux décharges publiques dans les petites villes et surtout dans les grandes villes des régions viticoles, ces nombreux et parfois considérables amas de marcs de vendange noircis, sur lesquels s'abattent des vols de pigeons.

« Comme ceux qui l'ont jeté pour s'en débarrasser, nous avons tous pensé : cela n'a aucune valeur ; c'est là une grande erreur.

« Tel qu'il est au sortir du pressoir, après épuisement par lavage ou macération, ou même au sortir de l'alambic après distillation, le marc de vendange contient encore, en quantité, des principes nutritifs de haute valeur. Les analyses qu'en ont données Barral et Boussingault permettent de comparer le pouvoir alimentaire de ce déchet dédaigné à celui même des betteraves les plus riches, comme l'indique le tableau ci-dessous :

	Eau	Protéine	Ext. non azotés	Graisse	Cellulose	Cendre
Betteraves sucrières (Wolf)............	81,50	1,00	15,40	0,10	1,30	0,70 %
Marc distill. (Barral et Boussingault)....	72,20	3,70	15,70	1,70	4,10	2,20 %

« Tandis que 100 kilogr. de betteraves renferment 16 kilogr. 500 d'éléments nutritifs, 100 kilogr. de marc distillé en renferment 21 kilogr. 100. Soit : 28 pour 100 de plus.

« Le marc, aussi riche en extractifs non azotés, est bien mieux pourvu que la betterave sucrière en protéine (3,70 contre 1), et en matière grasses (1,70 contre 0,10).

« Pourquoi donc le marc n'est-il pas plus employé dans l'alimentation du bétail, alors qu'il porte en lui, sous les formes les plus profitables (protéine albuminoïde et graisse végétale), les éléments nutritifs estimés dans la ration aux prix les plus élevés? En voici les raisons : le marc épuisé est altérable au plus haut point ; la nature et la proportion entre eux des éléments qui le composent en rendent l'assimilation laborieuse, partant trop lente et pas assez complète pour être profitable.

« En outre, si l'appétence des herbivores de toutes races pour le marc de vendange à la sortie des cuves ou des cucurbites est générale et grande, elle s'atténue très vite dès que l'oxydation due au contact de l'air et l'envahissement très rapide des ferments ont modifié son goût naturel.

« Exposé à l'air ambiant, le marc s'oxyde en quelques heures, noircit, change d'odeur et de goût, aigrit d'abord, moisit ensuite, et perd progressivement toute valeur alimentaire.

« Les moyens d'atténuer ou de retarder dans une certaine mesure ces altérations et de conserver plus longtemps sains et digestibles les principes nutritifs contenus dans le marc épuisé sont depuis longtemps connus et pratiqués.

« C'est d'abord l'immersion, par laquelle on réussit bien à défendre le marc du contact de l'air, mais en diluant ses principes extractifs solubles au point de condamner l'animal qui ingère cette masse aqueuse à dépenser de sa propre substance acquise pour éliminer l'élément inerte en excès.

« Le tassement dans des fûts étanches ou dans des silos, après énergique pressurage, est indiscutablement le meilleur procédé de conservation ; mais quelques précautions que l'on prenne, on n'arrive à préserver de la pourriture ou des combustions organiques, pendant la période de plusieurs mois nécessaire à la consommation des marcs, qu'une partie de ceux-ci ; aussi, découragés par des résultats variables et toujours incomplets, beaucoup de propriétaires préfèrent jeter ce qu'ils ne peuvent consommer à l'état frais.

« Il ressort de cet exposé que c'est à l'eau qu'il renferme que le marc doit son altérabilité ; c'est encore l'eau en excédent qui oblige les organes de la digestion à une production supplémentaire de calories nécessaire à l'élimination ; cette consommation diminue la somme des principes réservés à la reconstitution organique.

« Le problème de l'utilisation pratique des marcs de vendange, considérés comme fourrage, comporte deux termes : le premier a trait à la conservation parfaite et complète des principes nutritifs ; le second, à leur emploi le plus économique et le plus profitable dans l'alimentation.

« Par la dessiccation, l'élément inerte, l'eau, qui formait les 3/4 de leur poids (72,26 p. 100), est presque entièrement éliminé et, de prépondérant, devient un des plus réduits, comme l'indique l'analyse suivante :

	Eau	Protéine	Ext. non azotés	Graisse	Cellulose	Cendres
Marc brut séché.	6 »	12,69	50,20	5,83	17,94	7,54 o/o

« Dans 100 kilogr. de marc épuisé au sortir de l'alambic, nous avions 21 kilogr. 100 de matière sèche digestible ; dans 100 kilogr. de marc séché à 6 p. 100 d'eau nous en avons 71 kilogr. 620 : c'est donc bien un aliment concentré qui est ainsi obtenu et ce produit, débarrassé du bouillon de culture des ferments, aseptisé par la haute température à laquelle il a été soumis, devient en même temps un produit concentré, produit inaltérable.

« Sous cette forme, s'il n'est pas encore l'aliment complet à composition normale, la protéine s'y trouvant en proportion trop élevée (1/4), il le deviendra facilement par l'addition convenable de matières hydrocarbonées.

« Mais le marc ainsi concentré, même complété par le sucre, est dans un état physique tel qu'il s'hydrate difficilement, et, quoique accepté par les animaux, est absorbé par eux trop lentement à cause de la salivation et des sécrétions excessives de sucs gastriques provoquées par la siccité irritante.

« Pour en rendre l'ingestion facile, il a fallu procéder par tâtonnement, éprouver des mélanges avec diverses substances appelées par leurs propriétés absorbantes à corriger ses défauts. On y a réussi par l'addition de sucre, et le mélange dénommé *bovin-marc* donne des résultats parfaits, confirmés par des centaines d'expériences.

« L'addition du sucre, en proportion suffisante, donne au marc trop pauvre en matières hydrocarbonées de transformation rapide sous l'action des sucs intestinaux, l'excitant qui lui manquait, l'élément producteur immédiat des calories nécessaires à la mise en train de la digestion ; il rétablit l'équilibre dans la ration en élargissant le rapport nutritif.

« La digestion du marc, réduit par le pressurage au minimum d'hydratation, est loin de fatiguer les organes autant que celle du marc sortant des détartreuses ou des cuves d'immersion ; celui-ci a pour effet fréquent d'occasionner des irritations cutanées qui se traduisent par des chutes de poils abondantes, dénudant parfois de larges surfaces. Ces échauffements sont dus à la dépense considérable de calories empruntées aux substances en réserve dans les intestins, dépense qui nécessite l'élimination de l'énorme excédent d'eau ingéré.

« Ces accidents ne présentent, d'ailleurs, aucune gravité et l'addition à la ration d'éléments rafraîchissants, tels que son et farine d'orge, ou la mise au pâturage en font disparaître les traces très promptement. L'addition de sucre diminue ou même supprime cette action échauffante.

« Une remarque, en passant : l'analyse révèle la présence dans le marc de matières grasses dont l'action nutritive est, on le sait, des plus puissantes, puisque 1 de matières grasses équivaut à 2,4 d'hydrates de carbone (sucre) ou de protéine ; or, il n'est pas besoin d'être observateur minutieux pour se rendre compte que le pépin, dans lequel est renfermée sous triple et solide enveloppe ligneuse l'amande oléifère, traverse, sans subir aucune altération, les organes intestinaux et se retrouve intact dans les fèces.

« Somme toute, l'emploi des marcs en nature, conservés sains par un procédé quelconque, est sûrement avantageux toutes les fois qu'ils peuvent être consommés dans un délai assez court deux mois au plus.

« Il est certainement rendu plus profitable par une addition de sucre qui rend la digestion plus prompte et plus complète, tout en augmentant la somme des éléments assimilables contenus dans la ration. »

M. Chaboissier a pu nourrir, en novembre et décembre 1906, les cinq animaux bovins de sa réserve avec des marcs distillés, sucrés à 20 p. 100 de leur poids ; après soixante jours de ce régime, complété seulement par une ration de paille, ces animaux, dont deux bœufs travaillant tous les jours, deux génisses à la fin de leur première gestation, et une forte vache à lait, étaient bien en chair et très vigoureux ; leur appétit n'avait pas subi pendant toute cette période la moindre dépression. La ration de marc sucré donnée chaque jour à des bœufs du poids de 650 kilogr.

était de 15 kilogr. par tête, plus 20 kilogr. de paille, le coût de
la ration journalière s'établissait comme suit :

15 kilogrammes de mélange, marc et sucre, à 5 fr. 24
    les 100 kilogrammes............................ 0,786
20 kilogrammes de paille, à 4 francs les 100 kilogr... 0,800
                                        1,586

Au cours des fourrages, la ration normale serait revenue :

2 kilogrammes de foin par 100 kilogrammes de poids
    vif : 650 $\times$ 2 $\times$ 0,10........................ 1,300
4 kilogrammes de paille par 100 kilogrammes de poids
    vif : 650 $\times$ 4 $\times$ 0,04........................ 1,040
                                        2,340

Par tête et par jour, différence économisée............. 0,754

L'auteur fait observer qu'il a employé pour le sucrage des
marcs le sucre roux 88°; la ration de 15 kilogr. de marc sucré
à 20 p. 100 renfermait 3 kilogr. de sucre pur, équivalant comme
puissance nutritive à 4 kilogr. 500 d'avoine. Les 4 kilogr. 500 de
matière sèche du marc remplaçaient 10 kilogr. de bon foin, avec
le surplus (20 kilogr. de paille), ses bœufs recevaient une ration
de teneur supérieure à la normale en principes nutritifs, bien que
moins coûteuse, ce qui explique leur bon état d'entretien.

Si l'auteur a tenu à employer le seul sucre cristallisé, pour ses
essais, à l'exclusion de la mélasse, c'est surtout parce qu'avec celle-
ci, dans laquelle d'ailleurs le kilogr. de sucre revient plus cher
que dans le blanc n° 3 lui-même, on est obligé de rationner
strictement et très étroitement pour éviter les accidents que le
moindre excès d'ingestion peut occasionner, tandis qu'il n'a
jamais observé aucun malaise, pas même de l'inappétence, en
suite d'ingestion de sucre roux en mélange avec le marc, bien
qu'il ait atteint pour des vaches du poids de 450 kilogr. la dose
de 4 kilogr. 500 de sucre, à titre d'essai temporaire, il est vrai.

Tandis qu'il obtenait les sucres dénaturés au prix de 0 fr. 28 le
degré rendu dans son exploitation, la mélasse de sucrerie titrant

environ 45 p. 100 de sucre revenait à 18 francs les 100 kilogr. (rendue logée au minimum), soit $\frac{18}{45} = 0$ fr. 40, donc économie de 0 fr. 12 en employant le sucre roux au lieu de la mélasse.

Si le marc frais peut être utilement consommé sur place par ceux qui le produisent, à la condition de lui restituer, comme on vient de le dire, les principes dont le lavage et la distillation l'ont dépouillé, il ne peut être expédié au loin sans que les frais de transport, chargement, déchargement et logement ne grèvent son prix au-dessus de sa valeur. Aussi la dessiccation s'impose-t-elle pour les régions viticoles dont le bétail n'est pas assez nombreux pour consommer rapidement ce déchet altérable et encombrant.

En réduisant leur poids de 70 p. 100, l'évaporation de l'eau diminue de plus des deux tiers les frais de transport des marcs et supprime entièrement les causes d'altération. A l'état sec, en effet, le marc se conserve indéfiniment ; on en a conservé en sac, sur le sol battu d'un entrepôt, depuis trois ans, aussi sain et sapide que lorsqu'il y a été déposé.

La dessiccation n'a pas seulement pour effet d'éliminer l'eau, cause d'altération et d'encombrement, mais encore de mettre le marc et plus spécialement les pépins qu'il contient en état de subir la mouture, opération nécessaire pour permettre l'assimilation de la matière grasse, élément précieux dans la nutrition.

L'efficacité nutritive réelle d'un aliment, dépendant de la solubilité des éléments qui le composent d'après le principe *corpora non agunt nisi soluta*, si l'un de ces éléments peut échapper à l'action des sucs gastriques ou intestinaux, la puissance nutritive de l'aliment en sera réduite.

Dans 100 kilogr. de marc épuisé à 72,20 p. 100 d'eau, Boussingault trouve 21 kilogr. 100 de principes digestibles ; or, ceux-ci se décomposent en 19 kilogr. 400 de matières azotées et hydrocarbonées, dont la puissance nutritive, équivalant à leur puissance calorigène, est représentée par $19,4 \times 4,1 = 79,54$, et 1 kilogr. 700 de matières grasses, dont la puissance nutritive est $1,7 \times 4,1 \times 2,4 = 16,72$. Sur la somme des unités nutritives des 21 kilogr. 100 d'éléments digestibles s'élevant à 96,26, soit $\dfrac{16,72}{96,26} = \dfrac{1}{5}$ doit être fourni par les matières grasses que ne peuvent atteindre dans leurs enveloppes ligneuses les sécrétions qui devraient les dissoudre.

Donc, dans le marc non broyé, qu'il soit ou non additionné de sucre, la puissance nutritive ne peut être que les $\dfrac{4}{5}$ au plus de celle qu'atteint le marc moulu.

Ainsi, la dessiccation, en rendant possible la mouture fine des pépins, permet d'augmenter de 20 p. 100 l'efficacité nutritive.

M. Chaboissier, en cherchant un moyen d'associer économiquement deux éléments coûteux, la protéine albuminoïde et le sucre pur, a dû estimer d'abord les prix de revient de l'un et de l'autre élément, ainsi que les proportions avantageuses, c'est-à-dire donnant le maximum de dépense.

Voici l'analyse du *bovinmarc* faite par *M. Guillin,* directeur du laboratoire analytique de la Société des Agriculteurs de France, et, au-dessous, dans un même tableau permettant la comparaison, les analyses des divers tourteaux sucrés, publiées dans le *Journal d'Agricűlture pratique* par M. Grandeau en 1906 :

TABLEAU D'ANALYSE

Des divers tourteaux sucrés ou mélassés offerts par le commerce en vue de l'alimentation du bétail.

DÉSIGNATION	EAU	CENDRES	CELLULOSE	PROTÉINE	MATIÈRES GRASSES	MATIÈRES EXTRACTIVES	CHIMISTES
Bovinmarc	9,40	9,32	17,76	12,31	5,70	45,51	Guillin.
Marc mélassé.....	12,93	10,30	17,35	10,05	3,15	46,17	Grandeau....
Paille mélassée....	19,70	6,95	12,87	7,20	0,49	52,79	»
Pain mélassé	20,29	9,88	12,57	8,84	0,52	48,46	»
Mélasse-tourbe....	24,91	8,13	4,53	8.11	0,34	54,21	»
Avoine (Wolff)...	12,40	3 »	11,20	10,40	5,20	57,80	»

Un des caractères les plus remarquables du tourteau à base de marc sucré est sa propriété lactogène.

M. *de Cisternes*, dans sa laiterie de Riom, a constaté, par des pesages sévèrement contrôlés, que l'addition de 1 kilogr. 200 de « bovinmarc » à la ration journalière de chaque vache a élevé, après 48 heures, les rendements de l'étable entière (16 vaches) de 110 litres à 143 litres, et que ce rendement s'est maintenu sans défaillance pendant plusieurs mois jusqu'à cessation de l'emploi du « bovinmarc » par suite de la mise au vert.

CHAPITRE IX

Dessiccation des drêches de brasserie.

La quantité de drêches produites en brasserie représente 118 à 120 p. 100 des grains travaillés, et leur écoulement à l'état frais est naturellement restreint, surtout en été. La dessiccation des drêches permet la conservation et surtout le transport au loin de la production et procure aux brasseurs des avantages très appréciés. Les drêches desséchées à 10 p. 100 d'eau représentent 22 à 23 p. 100 des drêches fraîches, resp. 26 à 27 p. 100 des grains travaillés. Voici, d'après Wolf, la composition moyenne des drêches.

	Fraiches et desséchées	
Eau	76,1	9,8
Cendres	1,2	4,3
Matières azotées	5,3	20,8
Cellulose	4,0	15,6
Matières amylacées	11,9	42,0
Matières grasses	1,5	7,5
	100,0	100,0

Les appareils et procédés employés pour la dessiccation des drêches de brasserie sont les mêmes que ceux usités en sucrerie pour la dessiccation des pulpes. Les procédés employant de la vapeur produisent le fourrage le plus apprécié, mais avec un prix de revient légèrement plus élevé que ceux utilisant les gaz de combustion.

La dessiccation des drêches permet aux brasseurs de conclure avec les éleveurs des marchés annuels par suite de la grande facilité du transport et de la conservation de ce précieux fourrage. D'autre part, même en ayant des éleveurs à proximité, le brasseur a encore avantage à dessécher des drêches pendant la saison d'été, au moment d'abondance de vivres, afin de les conserver pour la saison d'hiver, et les vendre à un prix plus rémunérateur.

CHAPITRE X

Dessiccation du lait.

De tous les aliments, le lait est certainement le plus nécessaire parce que le plus nourrissant. Il est aussi le plus employé et il constitue, en effet, l'alimentation unique de la créature humaine à son entrée dans la vie; il est encore le dernier aliment qu'elle puisse absorber et prolonge quelquefois au delà des limites espérées l'existence des vieillards.

Malheureusement, si certains pays, favorisés par la Nature, ont en abondance du bon lait, nombre d'autres en manquent et sont obligés de s'approvisionner ailleurs de cet aliment indispensable. C'est le cas du Midi de la France, de tous les pays chauds en général, et même dans les régions tempérées de toutes nos grandes villes.

Aussi, dès longtemps, a-t-on cherché à résoudre le problème de la conservation du lait. On eut recours d'abord aux laits condensés, mais, outre que ces produits sont d'un prix assez élevé, ils ont l'inconvénient de n'être pas du lait pur; ils contiennent, en effet, une forte proportion de sucre, éminemment fermentescible, il devient donc nécessaire d'expédier le lait condensé en vases clos, qui sont toujours soit fragiles, soit encombrants et, une fois entamés, ne permettent pas de délai pour la consommation.

Du reste, même dans les pays de production, le lait est loin d'être toujours de qualité irréprochable. C'est pourquoi il est prudent de ne faire usage que de lait stérilisé, et à condition que la stérilisation ait été effectuée dans des conditions rationnelles.

Enfin, pour faciliter le transport du lait à grandes distances, tout en garantissant en même temps sa conservabilité, on a songé à solidifier le lait par une dessiccation complète, au moyen d'un outillage approprié.

Le chimiste Appert, qui a attaché son nom à l'industrie des conserves alimentaires, est le premier qui eut cette idée, mais il ne réalisa qu'incomplètement sa conception. Plus tard, M. Maduc et M. Martin de Lignac modifièrent le système d'Appert, mais ils ne parvinrent qu'à une condensation mitigée et non à la solidification complète qui, seule, pouvait assurer la totale destruction des microorganismes dangereux.

Aux Etat-Unis, des expériences suivies furent faites ces dernières années, notamment par le docteur Campbell. Plus récemment, en septembre 1902, deux savants distingués, MM. Just et Hatmaker, ont enfin trouvé la solution complète du problème si longtemps cherché.

Ils ont présenté, au Laboratoire de Carnegie et du département de santé de la ville de New-York, sous forme d'une poudre jaunâtre, un nouveau produit qu'ils affirmèrent être un lait absolument pur, conservable et stérile. Ils l'avaient obtenu par un système de séchage rapide à température très élevée, une véritable évaporation pour ainsi dire. Ce produit permet d'obtenir, par une simple addition d'eau chaude, un lait d'excellente qualité. De nombreuses expériences furent faites sur des adultes et sur des enfants en bas âge, auxquels on supprima, même complètement, le sein ; les effets furent excellents et permirent de considérer les expériences comme concluantes.

Enfin, en 1905, une usine fut installée dans l'Yonne pour la préparation du lait desséché dans des conditions absolument rationnelles. C'est la *Laiterie du Clos Saint-Julien*, à Auxerre, dirigée par M. Hérold, industriel très compétent. Le produit fabriqué, le lait en poudre, est appelé *Seclacto*, et sa préparation est entourée des soins les plus minutieux. Pour éviter toute altération, le lait y est traité deux heures après la traite et toute la manipulation est effectuée dans des conditions de propreté absolue.

Aussitôt arrivé à l'usine, le lait est versé dans un grand bac d'où il passe à l'*écrémeuse*, dont l'usage constitue en effet le seul moyen de nettoyer complètement le lait de toutes les impuretés et matières étrangères.

Le lait sort de l'écrémeuse par deux tubes, déversant l'un la crème, l'autre le lait écrémé, ce qui permet d'utiliser, selon les cas, soit le lait complet, soit le lait écrémé.

Dans le premier cas, les deux tubes tournés l'un vers l'autre, coulent ensemble dans un même entonnoir par lequel le mélange est conduit dans une petite pompe qui le refoule dans un second bac placé à une certaine hauteur au-dessus du sol et d'où, plus tard, il passe dans la *sécheuse*.

Quant au système spécial de sécheuse employé, il est fort bien compris. C'est une machine assez considérable puisqu'elle mesure 3 mètres sur 4. Elle se compose de deux cylindres métalliques creux, de 1 m. 50 de largeur sur 0 m. 75 de diamètre. Ces rouleaux ont des faces polies, ils sont parallèles et placés côte à côte à 1 ou 2 m/m. de distance. Ils sont actionnés par une vis embrayant avec les cannelures de leurs extrémités et tournent autour de leur grand axe, à contre-sens, à une vitesse de six tours à la minute. Ils sont chauffés intérieurement par de la vapeur sous pression de trois atmosphères, élevant à plus de 100° C. la température de leur surface externe.

Un réservoir contenant le lait est placé au-dessus et entre les deux cylindres ; il déverse le liquide en mince filet, sur la surface de ces derniers. Le lait s'évapore ainsi immédiatement et se dépose en deux feuilles minces de matière solide ; ces feuilles se dessèchent pendant que les cylindres décrivent un peu plus d'un demi-cercle, tandis qu'une lame couchée sur la surface entière des cylindres détache les feuilles encore chaudes et humides, lesquelles tombent dans un récipient où elles sèchent complètement en se refroidissant.

On les fait passer ensuite dans une bluterie qui les réduit en une poudre parfaitement soluble, ce qui permet au lait reconstitué de posséder toutes les qualités du lait initial.

La machine peut traiter 3.000 litres par jour.

Reste à examiner pourquoi l'on sèche soit du lait complet, soit du lait écrémé.

Le *Seclacto* écrémé est spécialement employé par les boulangers ; il n'est peut-être pas de boulangerie importante à Paris qui ne se serve actuellement de la poudre de lait pour la fabrication des croissants, pains de gruaux, brioches, et en général de tous les pains de luxe.

C'est un immense avantage, en effet, pour le commerçant de la capitale, qui ne dispose généralement que d'une place fort restreinte, que d'avoir à sa disposition 250 litres de lait ou même davantage, qui lui permettent de faire face aux plus fortes commandes imprévues, et cela sous un fort petit volume ; de plus, il ne court plus le risque de payer fort cher des laits souvent douteux, parfois mouillés, et, pendant l'été, exposés à tourner ou à s'aigrir.

Le lait *Seclacto* non écrémé remplace avantageusement le lait frais dans tous les usages courants ; il suffit d'une petite réserve de poudre (car un kilogr. se reconstitue en 9 litres de lait) que l'on conserve en boîte comme la farine ou le sucre, pour que tout ménage puisse disposer du lait nécessaire à tout moment du jour ou de la nuit ; c'est un avantage sur l'importance duquel il nous paraît superflu d'insister.

C'est l'aliment idéal pour les enfants, les malades, les vieillards, les explorateurs, etc. Son usage est particulièrement utile dans les pays chauds, car sa conservation est indéfinie.

C'est, pouvant se mettre en poche, le meilleur lait, le plus riche qu'on puisse rêver, et il est exempt de microbes. On en peut juger par l'analyse ci-dessous :

Matières azotées (caséine)...........	31,59
Matières grasses (beurre)..........	16,10
Hydrates de carbone..............	39,20
Matières minérales...............	7,36
Eau............................	5,75
	100.00

Il existe encore d'autres usines qui fabriquent du *lait en poudre*, soit par le procédé décrit plus haut, soit par d'autres procédés partant plus ou moins du même principe.

CHAPITRE XI

Dessiccation des sous-produits de laiterie et de fromagerie.

Le sérum résiduaire de fromagerie est d'un écoulement difficile en raison de sa grande masse, et la grande quantité de matières organiques qu'il renferme le rend éminemment fermentescible. Sa composition est très variable, suivant la nature du lait
dont il est issu et suivant son mode de préparation. M. *Kayser*
a indiqué comme composition moyenne.

Eau	93	à	94,5	o/o
Matières grasses	0,05	à	0,4	o/o
Sucre du lait	4,3	à	5,8	o/o
Matières azotées	0,3	à	1,03	o/o
Cendres	0,2	à	0,8	o/o

Ainsi le petit-lait acide contient moins de sucre de lait, moins
de cendres, mais plus de matières azotées que le petit-lait doux. Il
est le siège de fermentations continuelles (fermentation lactique,
alcoolique et acétique) ; toutes ont pour résultat de transformer
le sucre de lait, sans diminuer beaucoup la valeur nutritive du
petit-lait, et même un excès d'acidité ne gênerait guère, attendu
qu'elle pourrait être atténuée par le mélange avec d'autres aliments.

Mais comme, de par sa composition, il renferme peu de matières nutritives, il faut le servir aux animaux dans de fortes proportions, ce qui revient à ingérer beaucoup d'eau et peut devenir
dangereux pour la santé des animaux.

D'autre part, le petit-lait peut subir de mauvaises fermentations, abstraction faite de la présence de microbes pathogènes, d'où la nécessité de soumettre le petit-lait à un chauffage, à une pasteurisation, d'où encore l'idée de le concentrer pour évaporer l'eau, et de mélanger l'extrait ainsi obtenu à des fourrages convenablement choisis pour le but proposé.

Ce dernier mode permettrait une meilleure conservation, un transport plus facile et réaliserait tous les avantages de la pasteurisation.

Il va de soi que l'industriel devra choisir les aliments supplémentaires, en tenant compte des conditions locales, des années, de la composition même de ces aliments ajoutés ; en d'autres termes, la composition du mélange devra permettre de connaître les quantités réellement digérées, en se basant sur des expériences faites dans cet ordre d'idées.

Mélangés au petit-lait, nous pourrons citer comme aliments complémentaires les tourteaux, pommes de terre, germes de malt, etc.

Tel est le problème que s'était posé M. Huillard, et il a réussi à incorporer au petit-lait des issues de riz, des touraillons, des résidus de cacao, etc.

M. *Kayser*, le savant directeur du laboratoire des fermentations à l'Institut National Agronomique, a fait sur cette question un intéressant rapport au *Deuxième Congrès National de laiterie* présidé par M. *Viger*, sénateur (mars 1907). Nous y empruntons les renseignements qui suivent :

M. Huillard commence par en faire une pâte qui est desséchée ultérieurement et transformée en produits granulés, très faciles à conserver. L'évaporation de l'eau se fait à l'aide d'appareils automatiques et continus, permettant d'obtenir soit la simple dessiccation, soit en même temps la cuisson.

Il est presque superflu ici d'insister sur le fait que la valeur alimentaire dépend non seulement de la composition, mais de la température à laquelle le mélange a été soumis pendant la préparation ; cette dernière a, en effet, une grande influence sur le coefficient de digestibilité, à savoir : la proportion centésimale d'utilisation des divers principes nutritifs ; c'est lui qui renseigne sur la valeur réelle d'un mélange alimentaire.

Il importe de ne jamais conseiller à l'agriculteur l'emploi d'une denrée alimentaire que dans le cas où la composition exacte en est bien indiquée. Sachant qu'un produit est formé par le mélange de tant de kilos de tourteaux, de touraillons, de petit-lait, il est facile de calculer d'après la composition moyenne et respective des différents éléments la valeur réelle du mélange et de voir si elle répond à peu près au prix de vente et si le mélange alimentaire pourra être économiquement employé.

Prix de revient du fourrage.

M. Huillard a incorporé 100 kg. de matières solides dans 300 à 500 kg. de petit-lait. Il prend pour base une laiterie travaillant 5.000 à 10.000 litres de lait par jour et disposant de force motrice :

Mélange composé de :

400 kg. sérum,	contenant	372	kg. d'eau
25 kg. germes de malt	»	2,7	»
75 kg. issues de riz	»	8,55	»

Ce mélange peut être amené en une heure de temps à 135 kg. de fourrage sec, avec 13 p. 100 d'eau.

	Composition centésimale moyenne à l'origine			Composition du mélange préparé
	Sérum	Germes de malt	Issues de riz	
Eau..............................	94	12	10	13
Matières azotées................	0,8	23,1	3,7	13,11
Matières grasses................	8,2	2,1	1,4	9,26
Extraits non azotés.............	4,9	43,0	32,3	47,80
Cellulose.......................		12,3	38,1	8,14
Sels...........................	0,8	7,5	14,5	8,70
Equivalence en amidon par 100 kilos, d'après Kellner........	5,0	38,7	2,5	

Calcul du prix de 100 kilos de ce fourrage.

400 kilos sérum à 0 fr. 25 les 100 kilos...............	1	»
25 kilos germes de malt à 8 fr. les 100 kilos....	2	»
75 kilos issues de riz à 11 fr. les 100 kilos.............	8	25
Combustible nécessaire à l'évaporation de 365 kilos d'eau, 73 kilos coke à 30 fr. la tonne....... ..	2	20
Force motrice 7 HP heure	0	25
Entretien, imprévus	0	14
Main-d'œuvre 1 homme..........	0	50
Amortissement et intérêt........................	5	50
	19	84

d'où le calcul donne pour 100 kilos :

$$\frac{14,57}{1,35} = 10 \text{ fr. } 79.$$

Ce prix-là répond-il à la valeur réelle du fourrage ?

Nous voyons d'abord que 100 kilos de l'aliment composé sont obtenus avec :

$$\frac{400 \times 100}{135} = 296 \text{ kilos de sérum.}$$

$$\frac{25 \times 100}{135} = 18,5 \text{ kilos de germes de malt.}$$

$$\frac{75 \times 100}{135} = 55,4 \text{ kilos d'issues de riz.}$$

Eu égard à la composition donnée ci-dessus, que nous considérons comme moyenne, d'après de nombreuses analyses faites depuis longtemps, nous trouvons pour 100 kilos de l'aliment composé de M. Huillard.

	Unités nutritives (Equivalence en amidon)
Pour le sérum........................,.......	14,80
— les germes de malt.................. ...	7,16
— les issues de riz.... ....,....	1,39
	23,35

On voit de suite que, ainsi envisagée, l'influence décisive des issues de riz est trop pauvre en unités nutritives. On trouve, en effet, comme prix de cette unité, o fr. 46, énorme par rapport à celui d'autres aliments nutritifs. Ce dernier est, en effet :

Pour le tourteau de lin...................... fr. o 279
— le son .... fr. o 312
— l'avoine............................... fr. o 335

et le remplacement des issues de riz par un autre aliment plus riche diminuerait sensiblement le prix de revient de l'unité nutritive.

Néanmoins, on peut considérer l'opération de la dessiccation comme avantageuse. Les 100 kilogr. du fourrage composé valent 10 fr. 79 ; sur cette somme, 7 fr. 57 reviennent aux germes de malt et aux issues de riz, et la différence, 3 fr. 22, revient aux 296 kilogr. de sérum (une fois desséché). Comme ces derniers renferment 14,80 unités nutritives, cela fait $\dfrac{3,22}{14,80} = $ o fr. 298 l'unité nutritive, prix très légèrement supérieur à celui de l'unité nutritive des tourteaux de lin.

Les nombreuses expériences faites avec des produits similaires dans les pays scandinaves et en Allemagne, celles de M. Grandeau au Concours Hippique de 1906, et celles faites dans le même ordre d'idées à la Compagnie des Petites-Voitures, ont prouvé que les animaux, chevaux et porcs, ont très bien pris les aliments et en ont largement profité.

MM. Grandeau, Alekan et Alquier ont ainsi pu comparer les denrées alimentaires habituelles à des rations dans lesquelles entraient des granules de caséine desséchée. Voici quelques chiffres à ce sujet :

Ration journalière par cheval au travail.

Maïs...... .... · 5,400
Paille........ 2,250
Granules de caséine 0,850

Composition de la granule de caséine.

Eau..	11,35 o/o
Matières sèches totales......	88,65
Matières organiques totales.................	83,45
Cendres................................	5,20
Graisse..	0,59
Matières azotées totales.....................	65,03

Parmi les coefficients de digestibilité des divers éléments, il est intéressant de signaler les suivants :

Pour la caséine...........................	84,70
— la viande...............................	76,65
— le sucre.................................	70,45

C'est-à-dire le plus élevé pour la caséine du lait.

L'expérience a également démontré que, pour des chevaux au travail, l'ingestion de 250 grammes d'azote, ingérés par jour sous la forme de caséine, comparée à celle de 150 grammes d'azote en moyenne par d'autres aliments, n'a pas fait augmenter la quantité d'azote éliminé qui est à peu près toujours de 60 p. 100 de celui ingéré. Le cheval a utilisé l'excès pour produire du travail musculaire, c'est ce qui fait espérer et nous permet de conclure que le petit lait desséché, évidemment moins riche en azote que le lait simplement écrémé, pourrait tout de même trouver un emploi économique, notamment en le combinant dans les rations alimentaires avec des matières qui, toutes choses égales d'ailleurs, ne rabaissent pas trop l'équivalence en amidon de l'aliment complexe.

M. Kayser concluait en ces termes :

Le procédé préconisé par M. Huillard est tout à fait acceptable ; on peut tirer le plus grand parti du sérum de fromagerie, à condition qu'on le mélange à des aliments ayant une valeur alimentaire.

L'intérêt de la dessiccation des sous-produits de fromagerie ressort encore plus de l'intéressant débat qui a suivi la communication de M. Kayser au Congrès mentionné plus haut, débat que *M. le président Viger*, l'éminent sénateur, ancien ministre de l'Agriculture, a résumé dans les termes suivants :

« *La question de l'appareil à employer ne nous intéresse pas pour le moment. Tout ce que nous voulons savoir, c'est si l'arrosage de fourrages avec du sérum, suivi de la dessiccation, non seulement augmente la possibilité de conservation du sérum, mais encore accroît le coefficient de nutrition. Il semble résulter de la discussion qu'il en est ainsi. Il en ressort également que le produit est d'un prix abordable. C'est tout ce que nous avons à retenir, à mon avis, du rapport de M. Kayser et de la communication de M. Huillard.* »

CHAPITRE XII

Résidus agricoles.

A) *Ecumes de sucrerie.*

Dans une très intéressante étude que M. Aulard a présentée à l'Association des chimistes (juillet 1907), notre distingué collègue a fait ressortir les avantages que le fabricant de sucre retirerait du séchage des écumes, résidu de la fabrication, au moyen des gaz chauds des carneaux, système inauguré par M. Huillard.

La déshydrateuse Huillard (fig. 1, page 98), dénommée *pailleteuse* parce que les premiers produits séchés étaient obtenus sous forme de paillettes, est employée avec succès, à la sucrerie des Açores, pour la dessiccation des écumes, et l'on en installe une au Danemark pour le même usage. Il en existe de ces appareils pour toutes sortes de matières pâteuses, par exemple, pour la dessiccation des boues résiduaires des eaux vannes d'Ostende.

Nous pouvons admettre en moyenne une production d'écume de 12 p. 100, écume ayant, d'après diverses analyses, la composition centésimale suivante :

	Fraiche	Desséchée			
Eau	36,07	5 o/o d'eau			
Carbonate de chaux	47,48	73,64	$\times$ 0,01	= fr.	0,74
Azote	0,33	0,51	$\times$ 2,00	= fr.	1,02
Potasse	0,22	0,34	$\times$ 0,53	= fr.	0,18
Magnésie	0,21	0,33			
Acide phosphor	0,96	1,58	$\times$ 0,40	= fr.	0,63
Sucre	0,60	0,94			
Matières organ	7,15	11,13	$\times$ 0,02	= fr.	0,22
Substances minérales et indosées	3,98	6,23			
	100,00	100,00		= fr.	2,89

Toutes les écumes fraîches ne sont pas aussi sèches que l'analyse ci-dessus, car il y a bien peu d'usines qui emploient l'air comprimé pour opérer l'égouttage avant leur dépressage.

En admettant les écumes à 5o p. 100 d'eau et une usine travaillant 5oo tonnes de betteraves par ving-quatre heures, on en produira approximativement 12 p. 100, soit 6o.ooo kilogr. renfermant 3o.ooo kilogr. d'eau, dont 28.5oo kilogr. à extraire. La consommation de charbon aux générateurs étant moyenne et la combustion bonne (ce qui n'est pas toujours le cas en sucrerie), les gaz chauds des carneaux étant tous et bien utilisés à la dessiccation sont susceptibles d'évaporer de 14o.ooo à 15o.ooo kilogr. d'eau; on pourra donc ajouter aux écumes l'eau des presses à pulpes, eau albuminoïdale et très organique, qui les enrichira en principes fertilisants. On trouvera là une application rationnelle et complète du procédé Claassen ou Pfeiffer; on réintroduira les eaux des presses à pulpe à la diffusion durant deux jours sur trois; le troisième jour, les 3oo.ooo kilogr. d'eau des pulpes produits étant répartis sur les 6o.ooo × 3 = 18o.ooo kilogr. d'écumes à 28.5oo × 3 = 75.5oo kilogr. d'eau à extraire. En trois jours, on devra donc évaporer avec la pailleteuse Huillard 375.5oo kilogr. d'eau, soit 126.ooo kilogr. par vingt-quatre heures, notablement moins que ce que les gaz chauds perdus pourraient sécher.

On supprimera ainsi l'écoulement à la rivière de l'eau la plus nocive, et l'on obtiendra un engrais précieux, très friable, pulvérulent, renfermant du carbonate de chaux et un peu de phosphate précipité, ainsi qu'une grande quantité de matières organiques et salées d'une grande valeur. En estimant au minimum de 2 francs les 100 kg., les 3o tonnes produites par jour représenteront 6oo francs, pour fort peu de dépenses et des frais divers n'atteignant pas 5o francs par jour.

Avec la déshydrateuse Huillard, la *pailleteuse*, la dessiccation des écumes est réalisée de la manière suivante :

Une toile métallique, de constitution spéciale pénètre, pour en

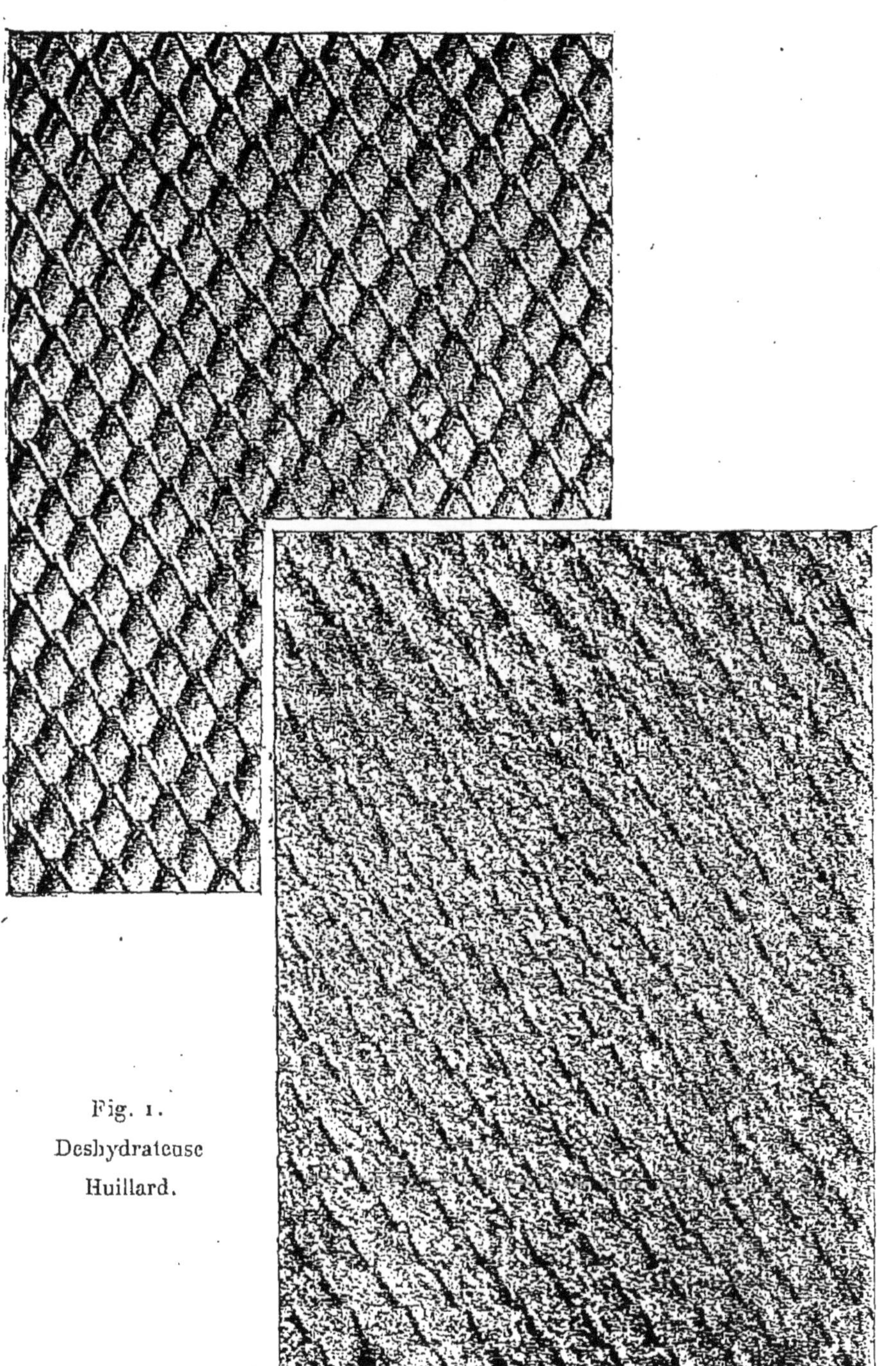

Fig. 1.
Deshydrateuse
Huillard.

ressortir, dans un bac qui contient la pâte à sécher (fig. 1). La toile ainsi garnie passe entre deux lèvres dont l'écartement est égal à l'épaisseur même de la toile ; puis elle s'élève verticalement dans l'étuve, tourne autour d'un premier rouleau, redescend, tourne autour d'un second rouleau, remonte, et ainsi de suite. Un courant d'air chaud circule en sens contraire ; des cloisons légères l'obligent à parcourir tout le sécheur. Les diamètres des rouleaux sont choisis assez grands pour que le changement de forme de la toile ne puisse pas la dégarnir. D'autre part, pour qu'il ne se produise aucun empâtement, les tambours supportent la toile par l'intermédiaire d'arêtes saillantes. De cette manière, la toile n'est pas en contact avec des surfaces, mais bien avec le plus petit nombre possible de points pouvant assurer le support et le guidage. Elle se meut sans aucune tension et conserve une grande régularité de marche. Comme les brins verticaux ont tous la même longueur, ils sont équilibrés, et il suffit d'un effort minime pour mettre l'appareil en marche. Lorsque la pâte est sèche ou au degré de sec voulu, il reste à retirer le produit des mailles de la toile.

Cette toile, dite « hélicoïdale », est constituée par un ensemble de spires vissées les unes dans les autres. Ces spires conservent leur mobilité les unes par rapport aux autres, en sorte que la toile qu'elles constituent est particulièrement souple dans le sens de sa longueur. Lorsque le produit est suffisamment sec, la toile est obligée de passer dans un jeu de tringles en mouvement qui brisent la couche parallèlement aux spires et font tomber la plus grande partie de la matière. Le reste est détaché sur un gril à secousses.

B) *Dessiccation des bagasses dans les sucreries de cannes.*

Pour extraire le jus des cannes à sucre, on emploie différents procédés qu'on peut résumer ainsi :

1° Simple pression, avec un seul moulin de trois cylindres ;

2° Double pression sèche, avec deux moulins de trois cylindres ;

3° Double pression, mais avec imbibition entre le premier et le deuxième moulin ;

4° Triple pression sèche, soit trois moulins avec trois cylindres ;

5° Triple pression, avec imbibition simple entre le deuxième et troisième moulin ;

6° Triple pression, avec imbibition double, l'une entre le premier et le deuxième moulin, la seconde entre le deuxième et le troisième moulin ;

7° Triple pression, avec double imbibition et macération ;

8° Simple ou double pression sèche, avec lessivage ou diffusion de la bagasse ;

9° Triple pression sèche, avec lessivage ou diffusion de la bagasse ;

10° Double pression après défibreur et lessivage, avec diffusion de la bagasse ;

11° Triple pression après défibreur et lessivage, avec diffusion de la bagasse ;

12° Diffusion directe de la canne.

Il est parfaitement reconnu que tous ces procédés appliqués à une même qualité de cannes donnent des quantités différentes de jus, à des densités différentes, suivant le nombre de pressions et la proportion d'eau ajoutée pour l'imbibition, le lavage ou la macération.

En effet, suivant les pays, l'addition de l'eau se fait par simple injection d'eau sur la bagasse au sortir des moulins, dans d'autres endroits on dispose d'une méthode permettant d'introduire cette eau à la surface et sous la couche de bagasse. Dans d'autres usines la bagasse est véritablement lavée entre deux pressions, sans durée sensible de contact, et enfin, dans d'autres usines, on procède à une véritable macération de la bagasse entre deux pressions.

L'eau est également introduite par plusieurs procédés, la divisant plus ou moins, et enfin, suivant les idées admises, on utilise de l'eau froide, tiède ou bouillante.

La simple pression dont on se contentait autrefois n'existe plus actuellement. Un grand nombre ont la double pression sans imbibition, ou la double pression avec une imbibition ou lavage de la bagasse entre le premier et le deuxième moulin. D'autres usines ont la triple pression avec ou sans imbibition et enfin un certain nombre ont la triple pression avec imbibition précédée d'un défibreur. Puis, suivant les pays, il y a des installations de diffusion de la bagasse après une ou deux pressions sèches avec ou sans défibreur. Enfin la diffusion directe de la canne est encore appliquée dans certaines sucreries. La bagasse produite est utilisée comme combustible, après dessiccation préalable.

Quantité de bagasse produite.

M. *H. Pellet*, le chimiste bien connu, a donné sur cette question de précieux renseignements, dans une magistrale étude qu'il y a consacrée (*Bulletin de l'Association des chimistes*, juin 1907) et à laquelle nous empruntons les données suivantes :

Etant donnés les différents procédés d'extraction et les variations de la quantité de ligneux (ou fibre) dans les cannes, il est certain qu'on peut avoir depuis 9 p. 100 de bagasse à l'état sec (diffusion) jusqu'à 15 et 16 p. 100 de bagasse sèche, dans le cas d'une canne à 14.80 de ligneux, en y ajoutant le jus retenu à l'extraction. En outre cette bagasse est produite à des états différents.

Il faut donc considérer trois sortes de bagasse. La bagasse des moulins ayant subi plus ou moins de pression avec ou sans imbibition et la bagasse de diffusion directe de la canne. Avec la bagasse de moulins ayant subi plus ou moins de pression, avec ou sans imbibition, on obtient un produit très variable en eau. Suivant la vitesse de travail, la quantité de la canne et la proportion de ligneux, on a une teneur en eau qui peut varier de 45 à 55 p. 100.

La bagasse de moulins après diffusion varie aussi en eau suivant la manière dont elle a été préparée et pressée, puis suivant qu'elle subit une ou deux pressions, après diffusion, avec des moulins plus ou moins puissants. On a donné des chiffres et en général on peut dire que le résidu pressé de diffusion de bagasse contient de 55 à 70 p. 100 d'eau. Enfin la bagasse de diffusion directe de la canne contient une dose d'eau qui est excessivement variable. Cependant, en général, avec une simple pression, on descend difficilement au-dessous de 78-80 p. 100 et par deux pressions on a pu descendre à 70-75. Mais l'effort demandé pour cette seconde pression est en général considérable en rapport de l'effet produit.

A QUEL DEGRÉ D'HUMIDITÉ DOIT-ON BRULER LA BAGASSE POUR EN OBTENIR LE MAXIMUM DE CHALEUR?

Il est bien reconnu aujourd'hui que si l'on peut parvenir, dans certaines conditions, avec des fours spéciaux à tirage forcé, à brûler de la bagasse ayant plus de 50 p. 100 d'eau et dans des conditions acceptables comme utilisation de calorique, on est d'accord pour reconnaître aussi que la bagasse n'ayant que 35 p. 100 d'eau est préférable. Ce chiffre de 35 d'humidité paraît être celui admis plus généralement comme étant suffisant pour obtenir d'excellents résultats calorifiques avec la bagasse. Mais si l'on produit de la bagasse directement ayant de 45 à 60 p. 100 d'eau, on cherche à la dessécher par plusieurs moyens.

Suivant les pays, il est facile de dessécher cette bagasse par le champ de bagasse (Egypte). Après 6-10 jours de séchage, la bagasse entrée à 55-60-65 d'eau descend à 25-30-35 p. 100 d'eau, suivant la température et le travail de la bagasse sur le champ pour activer la dessiccation. Mais il ne doit pas pleuvoir (ou à peu près) durant la fabrication. Dans les pays où il pleut plus ou moins souvent, on doit avoir le combustible nécessaire pour les jours de pluie.

Dans bien des cas on brûle la bagasse verte lorsqu'elle ne dépasse pas 50 p. 100 d'eau, et enfin, dans plusieurs sucreries, on a cherché à dessécher la bagasse au moyen des chaleurs perdues par les gaz de la cheminée. Pour les teneurs en eau dans la bagasse dépassant 50 p. 100 on a dû employer les fours à soufflage pour l'utiliser au chauffage des générateurs.

D'après des expériences de M. R. Burnel, pour un kilo de charbon déterminé, il faudrait en bagasse à différentes teneurs en eau les poids suivants :

Eau p. 100	Bagasse pour 1 k. charbon	En matière sèche
0	1,68	1,68
20	2,18	1,74
30	2,56	1,79
40	3,10	1,86
50	3,93	1,95
60	5,41	2,16
70	8,44	2,53
75	11,90	2,97

On voit nettement que pour de la bagasse à 50-55 p. 100 d'eau, il faudra environ 2 kilos de matière sèche pour remplacer 1 kilo de charbon, alors que pour la bagasse à 30-35 p. 100 il n'en faudra que 1,83 environ, soit une différence sensible de 9 à 10 p. 100.

C'est un chiffre qui a été vérifié également dans ces derniers temps, mais cette différence est moins grande que le calcul ne l'indique, par la teneur en eau respective, avec la théorie ordinaire de la dessiccation pure et simple de la bagasse avant sa combustion. On a donc un intérêt à descendre la bagasse d'une teneur à 50-55 p. 100 d'eau, et à plus forte raison à 60 p. 100, jusqu'à 35 p. 100, lorsque cette dessiccation peut s'effectuer dans des conditions raisonnables, quant à la dépense et à la main-d'œuvre, afin d'avoir :

1º Toute la matière sèche produite par la canne;

2º Régularité de séchage;

3º Maximum de puissance de la batterie;

4º Suppression des cendres étrangères;

5º Amélioration dans l'utilisation du pouvoir calorifique de la matière sèche de la bagasse moins humide;

6º Suppression de pertes de bagasse par vent, incendie ou vol.

C'est le four Huillard (fig. 2) qui permet de réaliser ce programme.

Dans ce four, que nous décrirons en détail dans un autre chapitre, la bagasse entrant par la partie supérieure tombe d'étage en étage et se desséchant peu à peu tombe dans des wagonnets qui emportent la bagasse sèche aux générateurs.

La dessiccation a lieu par le passage des gaz chauds en sens inverse du bas en haut et sous l'influence de la dépression qui a varié depuis 70, 80 millim. en bas jusqu'à 15 et 25 millim. à la partie supérieure.

On règle la vitesse d'entrée pour obtenir la bagasse séchée au point voulu.

Or, il a été reconnu expérimentalement que par ce four on pouvait dessécher toute la bagasse produite, même à 80 p. 100 d'eau (diffusion directe de la canne et une seule pression), avec la quantité des gaz produits par tout le combustible nécessaire pour travailler la canne, et cela en ne dépensant que la valeur de 60 à 70 kilogr. de charbon, calculée d'après la bagasse brûlée et le combustible additionnel.

En un mot, si, en transformant tous les combustibles en charbon, on ne brûle que la valeur de 60 à 70 kilogr. de charbon par tonne de cannes, on peut dessécher par le four Huillard toute la bagasse produite à la diffusion et poussée seulement à 20 p. 100 de matière sèche avant la dessiccation, et en descendant la bagasse à 25-30 p. 100 d'eau. Or, si l'on a de la bagasse à 80 p. 100 d'eau et si l'on ne peut sécher qu'à 30-35 p. 100, on sait que l'on

Fig. 2.   Sécherie de bagasse *(Huillard)*.

aura toujours assez de chaleur dans les gaz de la cheminée, pour opérer la dessiccation de toute la bagasse produite.

Et alors si, au lieu de bagasse à 80 p. 100, on entre de la bagasse à 70-65 ou 55 p. 100 d'eau, la quantité de calorique à utiliser se réduit de plus en plus et le volume du four ou des fours devient de plus en plus restreint.

Quelle est la quantité de charbon correspondant à la bagasse produite par tonne de cannes ?

C'est un point très important également.

Si l'on prend de la canne à 10 p. 100 de ligneux et 0,50 de sucre perdu à la diffusion, on a 10,50 de matière sèche, soit 105 kilogr. à la tonne de cannes.

Si l'on brûle cette bagasse à 40 p. 100 d'eau, il en faudra 1,86 pour 1 kilogr. de charbon ordinaire.

Donc, la bagasse de 1000 kilogr. de cannes = 57 kilogr. de charbon, mais sans aucune perte de matière.

C'est ce que l'expérience pratique a fourni dans plusieurs usines.

Si, au contraire, on brûle la bagasse directement à raison de 55 p. 100 d'eau et sans perte de matière sèche, on peut avoir en bagasse la valeur de 51 à 52 kilogr. de charbon par tonne de cannes.

Si, naturellement, on a alors des cannes ayant 15 p. 100 de ligneux, avec 5 p. 100 de sucre et à 50 p. 100 d'eau, on peut avoir en bagasse verte l'équivalent de 82 kilogr. de charbon et avoir un excédent de bagasse, même si le travail n'en réclame que 65 à 70 ou 75 kilogr. par tonne de cannes.

Par ces calculs extrêmes, M. Pellet croit que les fabricants se rendent bien compte des différences énormes que l'on rencontre dans la comparaison des frais de combustible, de rendement en sucre, des prix de revient du sac de sucre, etc., si nous ajoutons encore à ce qui précède que dans certains pays on calcule le prix de la matière première à 8 fr. la tonne de cannes et dans d'autres à 17 fr., pour ne pas dire 20 francs.

QUANTITÉ DE BAGASSE PRODUITE PAR 100 TONNES DE CANNES (24 HEURES) A DIVERSES TENEURS EN EAU (10 P. 100 DE LIGNEUX DANS LA CANNE).

Teneur en eau de la bagasse	Bagasse produite	Eau entrant au four	Bagasse produite à			
			20 p. 100 d'eau	25 p. 100	30 p. 100	35 p. 100
75	40.000k	30.000	12.500	13.370	14.300	15.400
70	33.330	23.330	12.500	id.	id.	id.
65	28.600	18.600	12.500	id.	id.	id.
60	25.000	15.000	12.500	id.	id.	id.
55	22.200	12.200	12.500	id.	id.	id.
50	20.000	10.000	12.500	id.	id.	id.

Eau entrée par la bagasse de 100 tonnes de cannes en 24 heures, la bagasse ayant diverses teneurs en eau (10 p. 100 de ligneux).

Eau p. 100 de la bagasse	Eau entrée totale	Eau entrant dans la bagasse				
		20 p. 100 d'eau	25 p. 100	30 p. 100	35 p. 100	40 p. 100
75	30.000	2.500	3.330	4.300	5.400	6.660
70	23.330	2.500	3.330	4.300	5.400	6.660
65	18.600	2.500	3.330	4.300	5.400	6.660
60	15.000	2.000	3.330	4.300	5.400	6.660
55	12.200	2.500	3.330	4.300	5.400	6.660
50	10.000	2.500	3.330	4.300	5.400	6.660

Pour le calcul exact de la quantité de bagasse p. 100 kilog. de canne il faut également tenir compte de diverses autres influences :

1° De la quantité de sucre retenue dans la bagasse après l'extraction et de la quantité de sucre retenue p. 100 de matières sèches lors de la rentrée de cette bagasse aux générateurs. Car si la bagasse est exposée à l'air pendant un certain temps pour subir la dessiccation plus ou moins profonde, il y a perte d'une partie plus ou moins importante de sucre ;

2º De ce que le sucre est toujours accompagné de 20 à 30 p. 100 de matières étrangères organiques ;

3º De ce que par ces matières il y a une perte en bagasse plus grande que par la diffusion directe de la canne. Cette bagasse folle est retenue par des filtres métalliques en partie et une autre partie se retrouve dans les écumes, qui renferment beaucoup de cellulose ;

4º De ce que la canne peut renfermer parfois 9 à 9,5, de ligneux et parfois 12, 13 et jusqu'à 15 p. 100 de ligneux réel.

En effet, on a cherché à avoir des variétés de cannes qui, pour une même richesse en sucre p. 100 gr. de cannes donnent plus de fibres p. 100 kilogr. On a ainsi plus de combustible disponible pour le travail et, en outre, on a un jus plus dense.

D'autre part, on a remarqué que la canne renfermant plus de fibre ou de ligneux se pressait mieux et fournissait toujours une bagasse moins chargée en humidité.

Par conséquent, d'après ce qui vient d'être dit, le four Huillard peut être adopté pour la sucrerie de cannes et cela pour sécher n'importe quelle bagasse de moulin, de moulin avec diffusion de la bagasse ou la bagasse de diffusion directe de la canne.

On peut sécher la bagasse avec toutes les teneurs en eau connues, depuis la bagasse verte, n'ayant que 50 p. 100 d'eau, jusqu'à 80-81 p. 100 avec la bagasse de diffusion directe de la canne. On peut alors ramener toutes ces bagasses à une teneur en eau qui paraît être acceptable pour convenir à tous les fours, soit de 35 p. 100, cette dessiccation s'opérant à l'aide des chaleurs perdues par la cheminée uniquement, même en partant de la plus haute teneur en eau 80-81º p. 100 dans la bagasse. Seule la capacité d'un four, ou le nombre de fours et leur capacité, varieront suivant la bagasse à dessécher par four.

Les essais effectués à la sucrerie de *Nag-Hamadi* (Egypte), du 3 au 28 février 1907, ont confirmé cette manière de voir de M. Pellet, qui a publié les résultats détaillés (*l. c.* Bulletin de juillet 1907, pp. 112-113), dont voici les chiffres moyens :

Durée de la dessiccation de la bagasse — **9 heures** 1/4.

Bagasse passée à l'heure......... 4.370 kg.

             = cannes..... 380.400 kg.

Eau évaporée à l'heure........... 3.100 kg.

Teneur en eau de la bagasse.. { à l'entrée du four. 81,5 o/o / à la sortie....... 33 o/o

Température des gaz........ { à l'entrée du four. 278° C. / à la sortie...... 520° C.

<h3 style="text-align:center">C) Dessiccation des résidus d'abattoirs.</h3>

L'Union de la Boucherie en gros de Paris **a** établi, à Aubervilliers, une importante usine dans laquelle elle traite les résidus des abattoirs ; elle y reçoit, en particulier, chaque jour, **plus de** 35.000 litres de sang frais, que l'on soumet à la dessiccation **pour** en obtenir un produit pulvérulent non susceptible de **s'altérer et** constituant un engrais de premier ordre. En vue d'obtenir ce produit, le sang frais est d'abord coagulé, par addition d'une petite quantité de sulfate de peroxyde de fer, et desséché après égouttage.

Pendant longtemps, cette dessiccation s'effectuait tantôt dans des tourailles ou des fours à étages que traversent les gaz chauds provenant d'un foyer, tantôt dans des étuves ou des séchoirs chauffés à l'air chaud, tantôt enfin sur des plaques de fonte chauffées plus ou moins également; mais, quel que soit le procédé employé, il se dégage toujours des buées très odorantes par suite de la dessiccation même et des gaz infects dus à la décomposition partielle de la matière soumise à un chauffage irrégulier.

A la vérité, on cherche à éviter l'inconvénient qui résulte, pour le voisinage, de ces buées et de ces gaz, en condensant les premières et en dénaturant par le feu les seconds; mais outre que les dispositions nécessaires pour arriver à un résultat satisfaisant

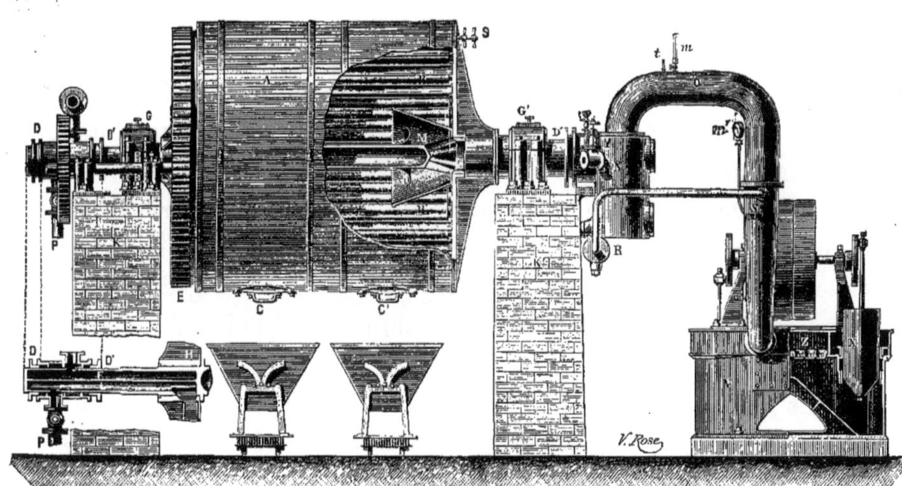

Fig. 3. — Appareil Donard pour dessécher dans le vide.

A, enveloppe cylindrique ; B, tubes de chauffe ; CC, trous de charge et de vidange ; DD', presse-étoupe d'entrée et de sortie de vapeur de chauffe ; D" presse-étoupe de sortie des vapeurs extraites de la matière à traiter ; H, chambre d'entrée de la vapeur de chauffe et de sortie de cette vapeur condensée, munie d'une denture pour la rotation E : P, sortie de la vapeur de chauffe condensée ; GG', paliers ; M, chicane arrêtant les entrainements ; N, boîte à poussière ; O, tuyau conduisant au condenseur ; R, tuyau d'injection ; S, condenseur ; V, pompe à air ; X, piston de la pompe ; Z, clapets ; Y, robinet de rentrée d'air ; t, thermomètre ; mm, manomètres ; s, sonde pour prélever des échantillons.

exigent une surveillance continuelle, l'industriel ne les applique qu'à contre-cœur, puisqu'elles grèvent les produits obtenus de frais accessoires sensibles, sans donner un avantage bien marqué au point de vue de la qualité.

C'est en vue de supprimer tout dégagement de produits odorants et d'éviter ces procédés coûteux de condensation et de dénaturation que les directeurs de l'Union de la Boucherie en gros de Paris ont monté l'appareil de dessiccation dans le vide de M. Donard (fig. 3).

Dans les premiers essais de dessiccation du sang, celui-ci ne passait dans l'appareil qu'après avoir été, à son arrivée à l'usine, coagulé au moyen de sulfate de peroxyde de fer et abandonné dans des cases pendant trois ou quatre semaines pour obtenir un égouttage complet. On avait alors pu apprécier les services de l'appareil pour la dessiccation et l'idée vint de l'utiliser, non seulement pour la dessiccation, mais aussi pour la coagulation du sang, sans addition de produits chimiques et à l'aide de la chaleur seule.

Dans ce but, actuellement, un appareil Donard reçoit directement le sang frais et l'on envoie de la vapeur dans les tubes intérieurs ; la coagulation s'opère rapidement. Au début des essais, elle se faisait tout d'abord autour des tubes qui se trouvaient colmatés et dont la puissance d'action était diminuée ; depuis, on a percé d'orifices sur leur longueur deux de ces tubes, de sorte que la vapeur puisse se répandre dans l'appareil et, par un véritable brassage, échauffer le liquide dans toute sa masse ; grâce à cet artifice, le sang qui, dans chaque opération, représente un volume de 5.700 litres, se coagule complètement en moins de deux heures.

Ce sang coagulé, placé dans des toiles, est soumis à l'action d'une presse et laisse écouler un liquide clair, incolore, inodore, ne gardant que des traces de matière azotée (o kilogr. 5 par mètre cube), qui peut, sans inconvénient, être écoulé à l'égout. On le passe ensuite dans l'appareil pour le dessécher complètement, mais on ne fait plus le vide, comme dans les premiers essais, car le sang ainsi coagulé directement donne, en se desséchant, une oudre très fine qui viendrait obstruer les conduits de la pompe à vide ; la dessiccation dure sept heures.

On voit donc que, en dix heures au maximum, le sang apporté dans l'établissement est complètement desséché et mis en sacs, fournissant un produit qui n'est additionné d'aucune matière étrangère et que l'on a essayé d'introduire dans la ration alimentaire des animaux.

Quant aux viandes plus ou moins altérées, venant des abattoirs ou de chez les bouchers, on commence toujours par les traiter dans des cuves où, après addition d'eau et d'acide sulfurique, on fait barboter de la vapeur. Lorsque la matière grasse, qui vient surnager, a été récupérée, les viandes, soumises à une véritable cuisson, car l'opération dure douze heures, sont pressées encore chaudes. Le liquide acide qui s'en écoule rentre dans les cuves de cuisson, pour des opérations ultérieures, tandis que les viandes pressées sont passées à l'appareil Donard ; après un temps n'excédant pas sept heures, on obtient un produit bien sec qui, par simple tamisage, donne une poudre de viande très fine, de couleur bise, inodore et prête à être ensachée.

Les os, ainsi que les parties laineuses que contiennent toujours les viandes, séparés lors du tamisage, sont pulvérisés et servent à enrichir la poudre de viande en acide phosphorique.

Enfin, au fond des cuves de cuisson, se déposent des boues qui, autrefois, étaient une source d'embarras pour l'établissement, car on ne réussissait à les dessécher qu'en les exposant à l'air libre, pendant un temps très long, après les avoir additionnées d'une substance absorbante, telle que de la tourbe. Aujourd'hui, ces boues, abandonnées actuellement au repos dans une fosse pendant quelques jours, sont, après décantation du liquide acide qui s'en sépare, envoyées directement dans l'appareil Donard, généralement mélangées avec du sang, et elles sont rapidement desséchées.

La fig. 4 représente l'atelier de dessiccation des résidus d'habattoirs, à l'Usiné de l'Union de la Boucherie en gros de Paris, à Aubervilliers.

Fig. 4. — Dessiccation des résidus d'abattoirs de Paris.

D) *Dessiccation des gadoues.*

L'utilisation agricole des ordures ménagères, employée dans les petites localités dont les déchets quotidiens sont peu considérables, est un problème plus difficile dans les grandes villes, puisque le poids annuel des gadoues y est considérable, d'environ 22.000 tonnes pour une population de 100.000 âmes. Or, ces ordures, quand elles sont à l'état brut, ont une valeur très minime ; on y trouve une très grande proportion d'objets de toute nature (ferrailles, poteries, verres cassés, papiers, etc.), qui sont sales, encombrants et même, parfois, dangereux pour les hommes et les animaux employés au travail des champs ; on ne saurait donc les emmener au loin, car les frais de transport dépasseraient très rapidement le prix de vente de la matière même. On est, par suite, obligé de les maintenir dans un rayon limité. Mais alors on ne parvient à en écouler qu'une fraction chez les agriculteurs et l'on est obligé de conserver la partie restante dans les dépôts qui deviennent au bout de très peu de temps de véritables foyers d'infection.

Aussi, toutes les municipalités des villes un peu importantes ont-elles cherché, dans ces dernières années, à transformer les gadoues pour pouvoir s'en débarrasser.

La ville de Paris produit journellement 1.500 à 2.000 tonnes de gadoues que, pendant longtemps, on a répandues à l'état tout venant sur les champs environnant la capitale, non sans provoquer, d'ailleurs, des plaintes nombreuses de la part des hygiénistes et même des promeneurs. Quand survint la crise betteravière, l'entrepreneur concessionnaire de ces gadoues se trouva dans l'impossibilité d'écouler sa marchandise chez les gros agriculteurs, comme il le faisait jusqu'alors, et celle-ci s'amoncelait, infectait l'air et devenait un danger public. La ville fut contrainte de subventionner cet entrepreneur pour qu'il pût installer à grands frais (1.335.000 francs) des foyers d'incinération (système anglais), destinés à détruire une partie seulement de ces gadoues (200 tonnes par jour).

Ce système est coûteux et défectueux, puisque les gadoues fraîches contiennent une énorme proportion d'humidité (plus de 50 p. 100) en été, qui se trouve encore augmentée par les temps de pluie. Elles renferment, en outre, beaucoup de matières inertes (cendres, sables, etc.), qui ne sauraient être brûlées et qu'on retrouve après l'incinération sous forme de scories. Elles ne peuvent, pour ces diverses raisons, constituer qu'un très médiocre combustible. En fait, 8 kilos de gadoues ne produisent pas plus de chaleur qu'un seul kilogr. de charbon.

Quant au prix de revient, il varie essentiellement d'un pays à l'autre, mais il est toujours élevé. Même en Angleterre, où les gadoues ont une composition toute spéciale et où l'on peut d'ailleurs les mélanger avec du charbon, celui-ci y étant très bon marché, l'incinération est fort coûteuse. En Allemagne où, cependant, on se trouve dans des conditions particulièrement favorables au point de vue du prix de la main-d'œuvre, il en est de même. A Hambourg, notamment, où il existe une usine d'incinération très bien installée, on estime que, par tonne traitée, les dépenses l'emportent de 1 franc environ sur les recettes : dans ces dernières, on compte la vente des sous-produits et l'utilisation de la force motrice résultant de la combustion; dans les premières entrent les frais généraux ainsi que l'amortissement et l'intérêt des sommes employées à la construction des usines.

Faute d'avoir su transformer les gadoues en engrais convenable, la ville de Paris s'est vue obligée d'adopter le système coûteux de l'incinération en faisant en même temps disparaître un engrais utile et économique. Heureusement que la solution économique du problème vient d'être réalisée d'une façon pratique par l'application aux gadoues d'un système de dessiccation, précédée d'un broyage mécanique rationnel. Ce système, mis en pratique par la *Société générale des Engrais organiques* dans son usine de Toulon, consiste dans le broyage complet du tout venant avec élimination des matières combustibles non broyables telles que *papier*, *chiffons*, *pailles*, etc., qu'on sépare par simple blutage.

Il suffit alors de brûler, sur un foyer à chargement automatique et régulier, tous les déchets combustibles pour fournir la force motrice nécessaire à toute l'usine et aussi la chaleur nécessaire à la dessiccation de toute la partie engrais dénommée « poudro ».

Grâce à l'emploi du séchage, l'usine de gadoues moderne ne laisse donc sortir de ses murs qu'une matière absolument inoffensive au point de vue hygiénique, facilement transportable, très conservable, et au besoin mise en sacs. Cette usine ne dépense pas un centime de charbon, et par conséquent elle satisfait les trois grandes conditions d'hygiène, d'économie et de restitution à l'agriculture. Les gadoues ainsi pulvérisées et desséchées contiennent intégralement la matière organique utile que contenaient les gadoues vertes : l'analyse l'a prouvé ; et, de plus, elles présentent cet avantage considérable que tous les germes parasites qu'elles pouvaient contenir sont détruits par la température même de la dessiccation, en sorte que, répandu sur les champs, cet engrais ne laissera pousser que les plantes mêmes qui y seront semées, et non les diverses plantes parasites (millet, avoine, chénevis) dont les germes auraient pu exister encore dans la gadoue verte.

Enfin, le « poudro » desséché peut, sans perdre aucune de ses matières utiles ni dégager aucune odeur, être conservé des mois et des mois, pour être employé à la saison voulue et répandu sur les champs au moyen du semoir, sans la moindre difficulté.

Le broyage des gadoues est effectué au moyen du *broyeur Schoeller* (fig. 5) dont la *Société générale des Engrais organiques* a la licence exclusive en France. Il se compose essentiellement d'un cylindre creux horizontal en fonte, sur l'axe et à l'intérieur duquel sont montées des tiges métalliques terminées par des marteaux mobiles en acier. Son action est basée sur le principe du cassage à la volée. L'appareil tourne à la vitesse de 1.400

Fig. 5. — Broyeur de gadoues dont la Société Générale des Engrais organiques, 47, boulevard Haussmann, a la licence exclusive.

tours environ à la minute, et opère alors comme un véritable ventilateur; il peut avoir, suivant ses dimensions, un débit de 10 à 20 tonnes à l'heure et n'exige que 15 à 30 chevaux de force motrice.

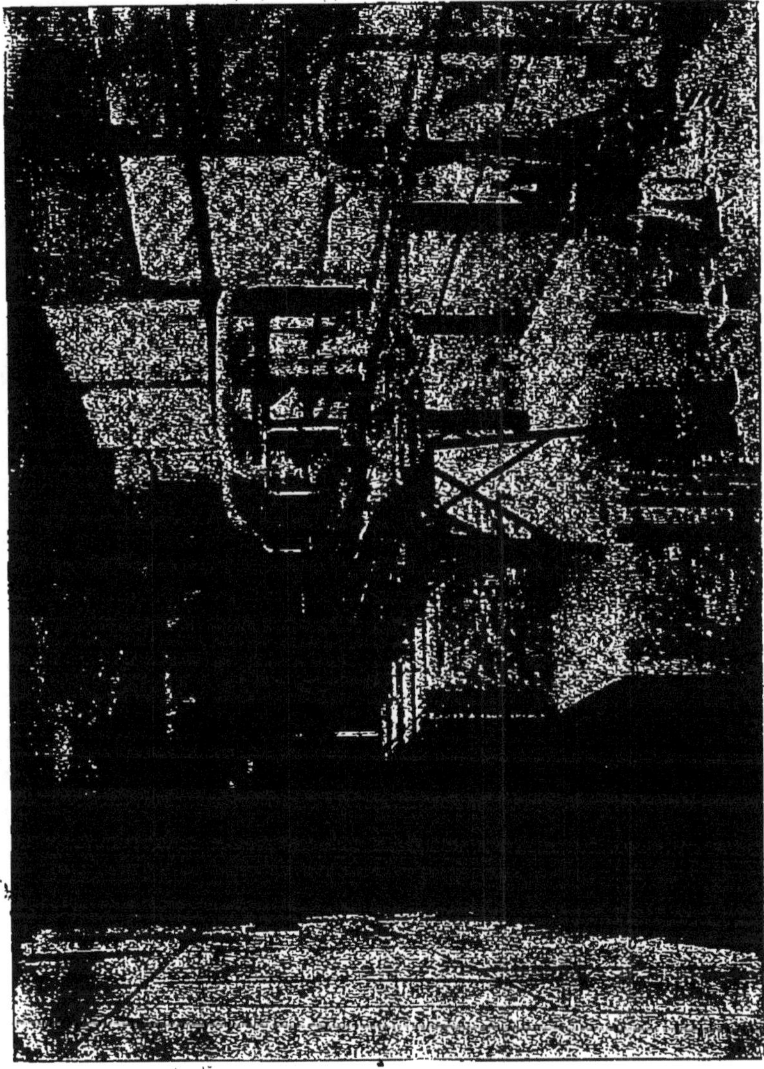

Fig. 6. — Usine de dessiccation de gadoues dont la Société Générale des Engrais organiques, 47, boulevard Haussmann, a la licence exclusive.

Il réduit la plus grande partie des gadoues en une poudre fine; seules certaines substances, telles que les papiers et les chiffons, sont simplement déchirées. On peut donc, aussitôt le broyage effectué, séparer les matières qui doivent constituer l'engrais de celles qui doivent être utilisées comme combustibles.

Le crible dont on se sert dans ce but est formé d'une enveloppe cylindrique en tôle, percée de trous, dont l'axe est incliné vers l'avant, et qui est animée d'un mouvement de rotation.

La poudre qui s'échappe par les trous de ce trieur représente les quatre cinquièmes environ du poids total de la gadoue broyée. Elle est absolument semblable à du terreau et jouit de la double propriété de constituer un engrais excellent et de pouvoir se conserver indéfiniment, sans répandre d'odeur. Mise en tas, elle fermente et sa température s'élève à plus de 50° C. ; mais il n'y a pas de putréfaction.

Cette imputrescibilité, qui présente un intérêt capital au point de vue de l'hygiène, paraît devoir être attribuée, d'une part, à l'oxydation des produits organiques réduits en poussières ; d'autre part, au mélange intime de ces dernières et des matières inertes telles que le sable, les cendres, etc.

A l'usine de Vitry, près Paris, où la Société fait le broyage des gadoues de plusieurs arrondissements de la capitale, le *poudro* broyé renfermant de 30 à 35 p. 100 d'humidité et environ 0,80 p. 100 d'azote est livré tel quel à la culture. A l'usine de Toulon (fig. 6) qui traite 80 tonnes par jour, la matière broyée et criblée est desséchée ensuite au moyen d'un four système Huillard, décrit d'autre part, lequel est chauffé par la combustion des chiffons et papiers éliminés au criblage. Le *poudro* sec ne renferme plus que 4 à 5 p. 100 d'humidité, ayant ainsi diminué d'un tiers environ son poids primitif, alors que sa teneur en azote est montée à 1, 20 p. 100.

CHAPITRE XIII

Les appareils de dessiccation.

On a vu au cours de cette étude que, suivant les matières à dessécher, on fait usage d'appareils variés, basés sur des principes fort différents les uns des autres ; on peut les classer en quatre groupes :

1° *Appareils desséchant dans le vide :*
Donard ;

2° *Appareils utilisant la vapeur :*

a) Excelsior,

b) Impérial,

c) Paucksch ;

3° *Appareils utilisant des gaz de combustion :*

a) Büttner,

b) Mackensen,

c) Pétry et Hecking,

d) Von Schütz ;

4° *Appareils utilisant des gaz des carneaux :*

Huillard.

Nous allons décrire brièvement chacun de ces systèmes et nous indiquerons les applications auxquelles ils donnent lieu et les résultats industriels obtenus.

PREMIER GROUPE
Appareil à dessécher dans le vide de M. Donard.

Depuis l'année 1889, M. Donard s'est occupé du **traitement** économique et rationnel des sous-produits de la distillation des matières amylacées.

L'utilisation de ces résidus avait été déjà tentée depuis quelques années; mais les méthodes employées permettaient aux huiles de se résinifier, fournissaient des produits visqueux et laissaient encore 10 à 12 p. 100 d'huile dans les tourteaux. M. Donard a évité ces inconvénients en opérant la dessiccation des tourteaux dans un vide de 40 millimètres, à basse température, ce qui empêche l'oxydation de l'huile et lui conserve ses qualités naturelles. De plus, il opère l'extraction de l'huile au moyen des dissolvants; ce qui lui permet d'extraire l'huile complètement et d'obtenir des tourteaux épuisés qui ne présentent aucun danger d'incendie. Il obtient alors des drèches comestibles, ne rancissant plus et d'une conservation pour ainsi dire indéfinie, et des huiles de très belle qualité. propres à la savonnerie et au graissage. L'huile qui restait dans les drèches et n'en augmentait pas la valeur d'une manière sensible, a ainsi atteint son maximum de valeur, tandis que le prix de la drèche n'a pas changé.

Les liquides provenant de la filtration des drèches dans les filtres-presses, et qui contiennent une assez grande quantité de matières azotées et de matières minérales, sont concentrés dans un appareil spécial au moyen de la chaleur perdue des foyers. Ils fournissent un liquide concentré, riche en azote et en acide phosphorique, représentant en produits assimilables plusieurs fois son volume de fumier de ferme, et qui entre dans diverses compositions d'engrais.

Le procédé de M. Donard repose essentiellement sur l'emploi de deux appareils :

1º Un appareil rotatoire à dessécher les matières solides dans le vide (fig. 3, p. 110) ;

2º Un appareil jumeau à déplacement pour l'extraction des matières grasses.

· Les vinasses, à la sortie des colonnes à distiller, sont distribuées dans des filtres-presses. La matière solide obtenue qui renferme environ 55 p. 100 d'eau est amenée au moyen d'une vis dans une filière, à la sortie de laquelle un couteau mis en mouvement la divise en petits grains de la grosseur voulue qui tombent dans une trémie placée au-dessus de l'appareil à dessécher.

L'appareil à dessécher se compose (fig. 3, page 110) d'un cylindre horizontal en fonte de 2 m. 50 de diamètre sur 2 m. 50 de longueur, représentant à l'intérieur un volume de 12 mètres cubes environ. Il repose sur deux paliers par des tourillons creux qui permettent l'accès de la vapeur de chauffe et l'évacuation de la vapeur d'évaporation. La vapeur de chauffe est reçue dans une chambre à vapeur circulaire verticale que forme la paroi gauche du cylindre. Sur cette paroi sont sertis une série de tubes horizontaux, bouchés à l'autre extrémité, et qui constituent une surface de chauffe de 59 mètres carrés environ. L'appareil est muni des dispositions nécessaires à l'évacuation de l'eau de condensation.

Le tourillon placé à l'autre extrémité du cylindre communique par un tube de fort diamètre avec une pompe à vide à condenseur et à double effet, où se rend la vapeur d'évaporation.

Deux trous d'homme permettent de charger et de vider le cylindre. La charge de drêches humides contenant 55 p. 100 d'eau est de 2.500 kilos.

La vitesse de rotation est de trois tours par minute.

En trois heures et demie, l'humidité des drêches est ramenée à 15 p. 100. Ce qui représente un poids de 1.200 kilos d'eau évaporée pendant ce temps.

La pression pendant le travail est maintenue à 40 millimètres de mercure.

La dépense en charbon est de 156 kilos par charge.

Cet appareil permet de dessécher, outre les drêches de distillerie, les drêches de brasserie, les résidus d'amidonnerie, les cossettes de betteraves, de pommes de terre, les tourteaux provenant de l'épuration des eaux d'égout, du lavage des laines, de l'alumine hydratée, des maïs et des blés mouillés après lavage à l'eau, la dessiccation du sang et des autres résidus d'abattoirs dont nous avons parlé d'autre part (p. 112).

DEUXIÈME GROUPE

A) *L'Excelsior*.

Dans l'appareil *excelsior*, système *Sperber*, construit par la Société anonyme de Constructions mécaniques de Saint-Quentin, la dessiccation est opérée par la vapeur à faible pression. L'appareil (fig. 7, page 124) se compose essentiellement d'une série d'auges horizontales à double enveloppe, superposées les unes aux autres. Dans chacune d'elles se trouve monté un faisceau rotatif muni extérieurement de palettes en hélices, ayant pour but de relever constamment la matière de façon à augmenter son contact avec les tubes du faisceau, et à le renouveler avec la paroi intérieure des auges, en même temps qu'elles font progresser cette matière de l'entrée vers la sortie.

Chaque auge est chauffée par la vapeur admise dans sa double enveloppe, de même que chaque faisceau tubulaire reçoit par une extrémité la vapeur qui le parcourt à travers plusieurs circulations pour sortir condensée par l'autre extrémité.

L'ensemble est encadré dans une enveloppe en bois ou en tôle surmontée d'une buse d'extraction de l'air chaud saturé par la vapeur enlevée à la matière à sécher.

Deux bâtis extérieurs supportent les extrémités des arbres des faisceaux rotatifs et le mouvement qui, reçu par l'un de ces arbres, est transmis à des vitesses convenables aux autres faisceaux par des chaînes sans fin.

Fig. 7. — Dessiccateur *Excelsior*, système Sperber.

Dans certains cas, l'appareil est complété par l'addition d'un radiateur à vapeur constitué par des tuyaux à ailettes et placé dans la partie basse de l'appareil, dans le but de réchauffer l'air sec introduit sous cette dernière et devant prendre contact avec les matières à sécher en se saturant de la vapeur qu'elle leur enlève.

L'appareil se construit à un, deux, trois ou quatre étages selon la quantité des produits à traiter, leur humidité initiale et le degré de siccité que l'on désire obtenir. La fig. 7 représente un appareil à quatre étages spécialement employé pour la dessiccation des cossettes de betteraves et nécessitant un emplacement de 8 mètres sur 1 m. 600 et une hauteur d'environ 6 mètres.

La buse d'extraction d'air chaud et saturé peut être surmontée d'une cheminée de dimensions appropriées au volume qu'elle doit évacuer par tirage naturel. Dans la plupart des cas, en raison des proportions qu'atteindrait cette cheminée, l'extraction des buées se pratique à l'aide d'un ventilateur aspirant à la partie supérieure de l'étuve et refoulant dans une chambre à poussières convenablement disposée et surmontée d'une cheminée d'évacuation.

L'appareil peut être chauffé soit en partie par vapeur directe, soit en partie par vapeur détendue. Il peut être entièrement chauffé par la vapeur d'échappement de la machine motrice de l'usine, et dans ce cas, si on n'a pas ailleurs l'emploi de cet échappement, le prix de revient de la dessiccation est extrêmement réduit, l'appareil ne nécessitant par lui-même qu'une main d'œuvre insignifiante et un entretien à peu près nul.

M. Strohmer a prélevé et analysé des échantillons de cossettes de betteraves obtenues avec l'appareil « Excelsior » et s'est convaincu que la matière riche ne subit aucune diminution de qualité. L'analyse donne les chiffres suivant p. 100 de matière sèche :

	Avant dessiccation.	Après dessiccation.
Albumine..............	7,49	7,43
Matières azotées non albuminoïdes.....	0,48	0,13
Graisse...............	0,67	0,62
Corps extractifs non azotés...............	64,61	64,47
Cellulose brute......	23,03	23,21
Cendres pures.......	3,72	4,04

Les faibles variations constatées doivent être rapportées à la difficulté d'obtenir sur ces matières des échantillons moyens bien correspondants.

Les cossettes séchées ont un aspect gris-verdâtre, n'ont pas d'odeur de brûlé et donnent avec l'eau, l'alcool et l'éther des extraits presque incolores, exempts de produits de surchauffage. Elles ont la composition suivante :

Eau...................................	9,94
Protéine brute (6,69 p. 100 d'albumine)...	6,81
Graisse....................................	0,56
Corps extractifs non azotés.................	58,01
Cellulose brute...........................	21,00
Cendres pures..............................	3,64
Sable......................................	0,04
	100,00

Si l'on admet les valeurs proportionnelles suivantes pour les différents corps nutritifs : protéine brute : graisse : corps extractifs non azotés : cellulose brute $= 3 : 2,5 : 1 : 0,5$, les cossettes examinées possèdent 90,3 unités de valeur nutritive.

La station d'essais agricoles de Vienne a trouvé des chiffres à peu de chose près semblables.

Au point de vue industriel, le nouvel appareil possède aussi certains avantages : il peut être placé en n'importe quel endroit de l'usine, près des presses à pulpes, par exemple, et supprime ainsi les frais de transport des procédés dont l'installation devait se trouver séparée de la fabrique. Comme on emploie des vapeurs de retour ou des vapeurs directes, il n'est pas besoin de nouvelle installation de foyers. Les ingénieurs Holecek et J. Swahos ont recherché quelle était la dépense de force et de charbon du nouveau procédé. L'installation d'essai de Modritz, qui donne 266 kilog. de cossettes sèches par heure, exige 50 chevaux de force indiquée (inclus les presses, transmissions et autres appareils). Pour la production de cette force et de la chaleur nécessaire à la dessiccation de 100 kg. de cossette sèche, il faut 576 kilog.

de vapeur ; on estime à 1,08 kilogr. la dépense nécessaire à la production de 100 kg. de cossette sèche. Il faut ajouter à ces chiffres les frais d'amortissement et de réparation.

D'après Strohmer, la dessiccation par les anciens procédés serait moins économique.

Le fourrage obtenu est très propre à la préparation des mélanges à la mélasse; en employant 1 partie de mélasse pour 2 parties de cossettes, on obtient un mélange qui peut être employé directement ou façonné en tourteaux par pression ; il est, dans ce dernier cas, transportable et de bonne conservation, sans dessiccation particulière. Les proportions indiquées correspondent approximativement aux quantités relatives produites par l'usine, de sorte qu'on peut rendre ainsi très facilement à l'agriculture la plus grande partie des éléments fertilisants enlevés par les récoltes de betteraves.

B) *L'Impérial*.

L'appareil à dessécher *l'Impérial*, de construction allemande (Meissen), est représenté en France par M. *Dumesnil*, qui l'a présenté au Deuxième Congrès International de sucrerie et de distillerie (mars 1908, à Paris). Contrairement à tous les autres systèmes de ce genre, qui se font surtout en tôle de fer, le séchoir *Impérial* se construit presque entièrement en fonte. La fonte étant plus solide que la tôle et offrant surtout une résistance plus grande contre l'influence des acides qui pourraient être contenus dans le produit à sécher, il en résulte que la durée de ce séchoir doit naturellement être plus grande que celle des autres systèmes.

Le séchoir *Impérial* (fig. 8, page 128) se compose essentiellement d'une cuve en fonte et d'un système tubulaire rotatif. Toutes les surfaces de chauffe sont disposées de façon à être constamment couvertes par la matière à sécher. Par suite de la division de l'appareil en plusieurs sections, dont une pour la dessiccation

Fig. 8. — Appareil à dessécher *Impérial*.

préliminaire et une pour la dessiccation définitive, on évite que la matière à sécher puisse se déposer en croûte sur les surfaces de chauffe, de sorte que l'efficacité de celles-ci ne se trouve jamais altérée.

A la périphérie du système tubulaire rotatif, des palettes ont été prévues qui servent à agiter continuellement la matière à sécher et à la bien distribuer sur toutes les surfaces de chauffe. Par suite de leurs formes différentes, ces palettes font en même temps avancer la matière — suivant le progrès de la dessiccation — vers la sortie du séchoir.

Pour écraser les grumeaux qui se forment au commencement de la dessiccation, des contre-bras, qui tournent plus vite que le système tubulaire et en sens opposé, ont été disposés sur l'arbre moteur de l'appareil.

En dehors de l'agitation convenable du produit à sécher, c'est surtout la question de l'utilisation économique de la vapeur qui est d'une très grande importance.

Toutes les surfaces de chauffe, qui se trouvent à l'intérieur de la cuve, sont en contact direct avec la matière à sécher, tandis que celles qui se trouvent à l'extérieur servent à réchauffer l'air dont on a besoin pour la dessiccation. Toute perte de chaleur est donc presque complètement évitée.

L'écoulement de l'eau de condensation se fait de telle façon qu'on évite complètement toute accumulation dans le séchoir. Toutes les surfaces de chauffe ne sont mises en contact qu'avec de la vapeur sèche.

Le fonctionnement du séchoir « Impérial » est continu et la surveillance nécessaire est presque nulle.

La construction de toutes les parties mobiles du séchoir est particulièrement soignée. Ainsi, les deux paliers de l'arbre du système tubulaire, qui sont des pièces de précision, sont de construction très solide et pourvus de dispositifs défendant l'entrée de la poussière. De plus, suivant la nature du produit à sécher, les palettes et les boulons qui se trouvent à l'intérieur de l'appareil se font en bronze d'une composition spéciale, assurant une grande résistance contre l'influence des acides.

Les dispositifs de graissage sont arrangés de façon à être facilement surveillés, comme, du reste, la construction du séchoir, qui est telle qu'elle permet l'accès et la surveillance facile de toutes les parties.

Pour le montage du séchoir « Impérial » aucune fondation ou autre maçonnerie n'est nécessaire ; il peut être placé sur le sol tout simplement, ou bien sur un plancher assez fort.

Résultats obtenus en Sucrerie.—Les pulpes des sucreries sortent des presses ordinaires Klusemann ou Bergreen à 90 p. 100 d'eau et 10 p. 100 de matière sèche. Il est bon et économique, avant de les sécher, de les ramener à 15-16 p. 100 de matière sèche, par passage dans des presses plus puissantes, l'extraction de l'eau par pression mécanique étant moins coûteuse que l'extraction par la vapeur.

La dépense de vapeur est modérée ; le séchoir « Impérial » permet d'évaporer, avec un kilog. de vapeur à la pression de 5 kilog. par centimètre carré, un kilogramme d'eau environ.

Les pulpes humides ayant à leur entrée une température d'environ 12-15° centigrades et renfermant 15-16 p. 100 de matières sèches, pour obtenir 100 kilog. de cossettes sèches à 15 p. 100 d'eau, il faut environ 560 kilog. de cossettes humides à 85 p. 100 d'eau. La quantité d'eau à évaporer est donc de 560 — 100 = 460 kilog. Pour cela il faut 460 kilog. de vapeur à 5 kilog., ce qui nécessite environ 70 kilog. de charbon à 7.000 calories.

PRIX DE REVIENT DE LA DESSICCATION DES PULPES.

Admettons pour ces dernières un prix moyen de 5 fr. les 1.000 kilog. de pulpes humides, prix déjà élevé pour beaucoup de régions. D'autre part, on peut admettre, d'après les cours de l'étranger, que le prix moyen de 100 kilog. de pulpes sèches est d'environ 10 à 12 francs, soit 11 francs en moyenne.

Or, la valeur à l'état humide de 100 kilog. de pulpes séchées correspond à environ 3 fr. 75 ou 4 fr. 25 de pulpes humides, soit 4 fr. en moyenne (si l'on passe par la quantité de matière sèches). Il reste donc 11 — 4 = 7 fr. pour les frais de séchage, l'amortissement et le bénéfice.

Les frais de séchage, y compris l'amortissement et l'intérêt, ne dépassent pas avec « l'Impérial » 4 fr. par 100 kilog. de pulpes sèches, comme cela résulte des comptes de fabrication relevés dans plusieurs usines étrangères. Il resterait donc toujours un bénéfice net de 3 fr. 50 par 100 kilog. de pulpes sèches ; c'est-à-dire par 850 kilog. de pulpes humides à 10 p. 100 de matière sèche, ce qui correspond à 1.700 kilog de betteraves ; c'est donc un bénéfice de 2 fr. environ par tonne de betteraves.

C) *Dessiccateur de pommes de terre par le système Paucksch.*

L'appareil Paucksch (fig. 9), le plus répandu en Allemagne,

Fig. 9. — Dessiccateur système Paucksch.

se compose essentiellement de deux cylindres creux en acier fondu tournant l'un contre l'autre et chauffés intérieurement par de la vapeur. Les pommes de terre finement râpées passent en couches minces entre les deux rouleaux en mouvement et se dessèchent par leur contact avec les surfaces chauffées, d'où elles sont détachées au moyen de couteaux, broyées et ensachées. La matière desséchée, appelée flocons, est d'un bel aspect, d'une couleur très claire, et atteint des prix plus élevés que les cossettes desséchées aux gaz chauds.

L'appareil Paucksch se prête surtout aux installations agricoles; il est employé également pour la dessiccation de produits agricoles variés.

TROISIÈME GROUPE

A) *Appareil à dessécher système Büttner.*

Etudiés en première ligne pour la dessiccation des pulpes de sucrerie, les appareils Büttner se prêtent admirablement pour le séchage de toutes les matières agricoles. Ils sont des plus répandus en Allemagne, en Autriche, etc., et il en existe en France plusieurs installations importantes (1).

Les appareils construits par la maison Büttner sont de deux espèces :

1º Le four à sécher les pulpes ;

2º Le four à tambour rotatif.

1º FOUR A SÉCHER LES PULPES.

Le four à sécher les pulpes se compose essentiellement d'un foyer, dont les dimensions et les dispositions varient selon le combustible employé, et d'auges demi-cylindriques en maçonnerie,

---

(1) MM. Prengey et de Grobert, représentants de la maison Büttner, ont publié une très intéressante relation sur le séchage rationnel des matières agricoles au moyen des appareils en question.

dans lesquels tournent des agitateurs constitués par un axe en fer et des palettes longitudinales en tôle, destinées à propulser la pulpe tout en la brassant, de manière à multiplier ses contacts avec les gaz provenant du foyer. Trois auges et trois agitateurs placés verticalement les uns au-dessous des autres, et que parcourt successivement la pulpe, constituent un élément de four complet.

La pulpe humide est introduite dans le four au même point que les gaz du foyer, et chemine ensuite dans le même sens qu'eux vers la sortie. Il en résulte que la pulpe soumise à l'action des gaz les plus chauds est la plus humide, ce qui la met à l'abri de toute altération due à la chaleur, grâce à l'énorme évaporation dont elle est le centre.

Ce principe, dont l'expérience a montré toute l'importance, est l'une des caractéristiques des appareils Büttner; on le retrouvera également dans les fours rotatifs de ce constructeur.

Les gaz du foyer, ainsi que la vapeur d'eau fournie par la pulpe, sont aspirés par un ventilateur qui les refoule dans un appareil spécial appelé cyclone, dont nous montrerons le rôle un peu plus loin.

Dans la partie du four voisine de la sortie de la pulpe sèche, les ailettes de l'agitateur sont disposées de façon à relever la matière sans la faire cheminer; son avancement vers la sortie est dès lors assuré par le seul courant de gaz produit par le ventilateur. Et c'est sous cette action que les parties suffisamment sèches, qui sont les plus légères, sont successivement entraînées, la pulpe encore humide et par conséquent plus lourde, s'il y en a, restant au contact des gaz chauds.

Cette sélection automatique de la pulpe sèche est d'une grande importance, car elle la met à l'abri des graves inconvénients qui résulteraient fatalement de l'emmagasinage de matières renfermant des parties insuffisamment desséchées.

Les gaz aspirés par le ventilateur sont refoulés dans un cyclone, appareil disposé de façon à recueillir les particules plus fines de pulpe entraînées par les gaz et à laisser échapper ceux-ci dans l'atmosphère.

Le four à pulpes Büttner comporte un grand nombre de particularités intéressantes dont la pratique a montré la nécessité.

C'est ainsi qu'il possède un distributeur automatique de pulpe humide, facilement réglable, qui permet de faire varier la quantité de pulpe introduite de façon à régler l'allure du four.

Des thermomètres et des regards convenablement placés facilitent la surveillance du travail.

Le four Büttner, étudié spécialement en vue de la dessiccation des pulpes épuisées provenant du travail ordinaire des sucreries, convient également aux pulpes fournies par le procédé Steffen, et à celles produites par les distilleries de betteraves.

2° APPAREIL A TAMBOUR ROTATIF.

Le four rotatif (fig. 10) de Büttner est essentiellement composé

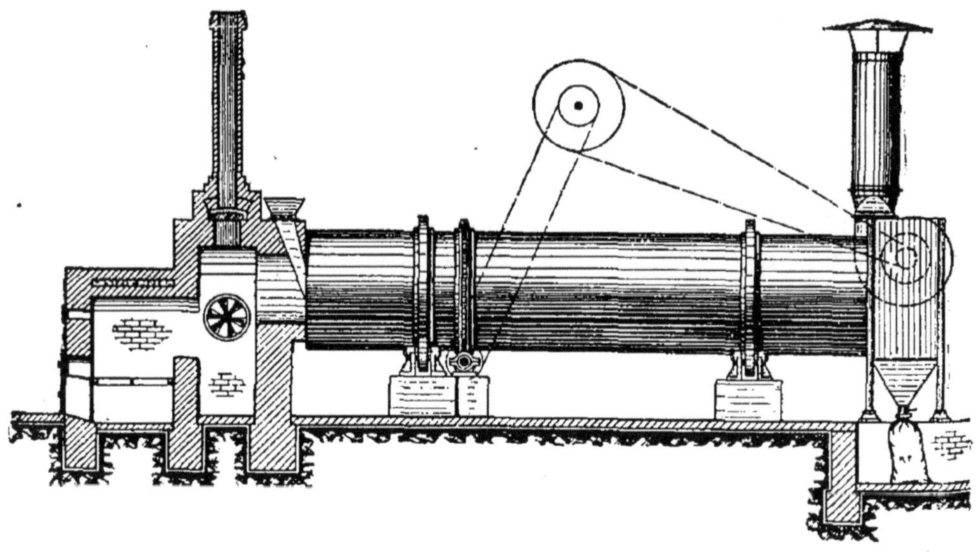

Fig. 10. — Appareil Büttner.

d'un foyer en maçonnerie dans lequel sont produits les gaz chauds employés à la dessiccation. d'un tambour rotatif en tôle muni à l'intérieur d'un système de chicanes opérant d'une façon remarquable le brassage des matières soumises à la dessiccation et leur mise en contact avec les gaz du foyer, et enfin d'un ventilateur assurant la circulation des gaz à travers la matière brassée dans le tambour et les refoulant dans un cyclone d'où ils sont évacués par une cheminée.

Le tambour en tôle tourne lentement sur des galets. Les produits à sécher, convenablement divisés, sont introduits dans le tambour au même point que les gaz chauds provenant du foyer, et dont la température a été réglée par une admission plus ou moins considérable d'air à la température ambiante.

Les gaz et les produits à sécher cheminent donc parallèlement comme dans le four à pulpes.

Les produits secs et refroidis par un courant d'air tombent dans une trémie d'où on les extrait à l'aide d'une trappe appropriée.

Un distributeur rotatif réglable permet de déterminer exactement la quantité de matière introduite dans le four.

Le four Büttner est actuellement employé à la dessiccation des betteraves, de leurs feuilles et de leurs collets, des pommes de terre et de leurs feuilles, de la chicorée, des marcs de féculerie et d'amidonnerie, etc., etc.

On l'emploie également à la fabrication des fourrages sucrés secs ainsi qu'au séchage des grains humides ou avariés.

Fabrication des fourrages mélassés.

C'est dans le four Büttner à tambour que se fabriquent les fourrages mélassés.

Le four est muni, pour cette fabrication, d'une trémie à compartiments permettant le mélange de deux ou plusieurs matières solides pour constituer le support de la mélasse. On emploie souvent par exemple deux espèces de tourteaux ou une espèce de tourteaux et des menues-pailles, etc.

Chaque compartiment est muni d'un distributeur réglable, de manière qu'on puisse doser exactement le mélange que l'on a en vue.

La mélasse est introduite dans le tambour immédiatement après le mélange de matières solides auxquelles elle s'incorpore très régulièrement.

On a remarqué que le mélange de la mélasse avec son support est plus complet, plus intime et plus homogène lorsqu'il se fait à chaud, ce qui s'explique aisément par la plus grande fluidité qu'acquiert alors la mélasse qui colle moins les fragments de matières solides et les imprègne plus facilement.

Les mélanges ainsi obtenus peuvent varier à l'infini, et il en existe dans le commerce une quantité déjà considérable et qui augmente sans cesse.

Certains constituent des aliments extrêmement riches, comme ceux dans lesquels l'élément solide est formé par des tourteaux comestibles : lin, sésame, palme, etc., d'autres n'ont guère que la valeur du sucre qu'ils contiennent, ce sont ceux dans lesquels le support de la mélasse n'est qu'une matière inassimilable, tourbe, sciure de bois, etc., etc.

Mais tous se vendent à des conditions rémunératrices pour leurs producteurs.

3° FOUR TRANSPORTABLE.

Pour mieux utiliser son appareil sécheur, la maison Büttner construit un type de four transportable à tambour tournant (fig. 11).

Dans ce type, le foyer en maçonnerie est remplacé par un foyer métallique, et l'appareil est installé sur un chariot à quatre roues qui sert à le transporter là où il doit être utilisé.

B) *Appareil Mackensen*.

Le séchoir système Mackensen, employé exclusivement pour la dessiccation des pulpes de sucrerie, consiste en deux longs tambours de tôle placés parallèlement, mis en mouvement de rotation au moyen d'un système de galets. Les cossettes humides entrent dans le premier tambour en même temps que les gaz chauds et

Fig. 11. — Sécheur transportable Büttner.

progressent lentement vers la sortie sous l'action combinée de l'aspiration d'un ventilateur et de côtes saillantes internes disposées en hélices. Elles en sortent avec une teneur en eau de 5o p. 100

et sont ramenées par une vis sans fin à l'entrée du second tambour qui reçoit également les gaz chauds d'un foyer et dans lequel la dessiccation s'achève. Un ventilateur aspire les gaz sortant des deux tambours et les envoie dans une chambre de récupération.

Un appareil à deux tambours suffit pour un travail de 3oo tonnes de betteraves par jour, et exige une machine de 15 à 20 chevaux. L'installation coûte environ 75.000 francs, y compris la machine, les transmissions, la cheminée et le bâtiment.

Ce système, qui compte un certain nombre d'installations, n'est cependant pas très répandu. Il demande plus de soins et d'attention que les appareils similaires, pour donner une dessiccation uniforme, probablement parce que chaque tambour possède son foyer spécial et son alimentation, tandis que, dans les autres systèmes, les grandes masses en circulation dans un seul appareil contribuent à la régularisation de la dessiccation.

Dans la dessiccation des pommes de terre par le *procédé Knauer* on emploie l'appareil Mackensen avec trois tambours.

C) *Dessiccateur système Pétry et Hecking.*

L'appareil Pétry et Hecking (fig. 12) est très répandu dans l'industrie sucrière où il est appliqué pour la dessiccation des pulpes ; mais il est également appliqué au séchage de toutes sortes de matières agricoles, notamment des pommes de terre.

L'appareil se compose en principe de deux parties : un foyer et un cylindre sécheur. Pour produire les gaz chauds on emploie généralement une grille mécanique à grand rendement, la quantité de chaleur à produire étant considérable (température des gaz à la sortie du foyer de 1.000 à 1.100 degrés). Un appareil de dimensions moyennes peut produire environ 10.000 kilog. de pulpe sèche (à 10 p. 100 d'eau) avec une consommation de 60 à 65 kilog. de charbon pour 100 kilog. de cossettes. La pulpe humide contient au sortir de la diffusion environ 10 p. 100

d'extrait sec ; en conséquence, on compte que 1.000 kilog. de

Fig. 12. — Appareil à secher système Pétry et Hecking.

pulpe humide produisent environ 120 kilog. de pulpe sèche à

10 p. 100 d'eau ou, autrement dit, il faut 850 à 900 kilog. de pulpe humide pour 100 kilog. de pulpe sèche. On estime généralement aussi que 100 kilog. de betteraves produisent 50 kilog. de pulpe de diffusion épuisée, par conséquent il faut 16 à 18 kilog. de betteraves pour obtenir 1 kilog. de pulpe sèche.

La pulpe de diffusion dont la teneur en eau est abaissée au préalable à 85 p. 100 au moyen de presses système Selvig et Lange, est introduite dans l'appareil au moyen d'une bavette. Elle tombe dans un premier cylindre sécheur qui tourne sur lui-même assez lentement, et qui se trouve traversé par le mélange gazeux à haute température. A l'intérieur sont des cornières disposées en hélices qui forcent la pulpe à cheminer d'un bout à l'autre du cylindre. Arrivés à l'extrémité de ce premier cylindre, les cossettes passent à l'intérieur d'un second cylindre fixe, concentrique au premier, et où elles achèvent de se sécher en faisant le chemin inverse de celui qu'elles viennent de parcourir, grâce à des ailettes disposées en hélice que porte le cylindre n° 1. Elles sortent parfaitement séchées après ce second trajet ; elles ne contiennent plus guère que 10 p. 100 d'eau. Il est inutile de chercher à dessécher les cossettes davantage ; elles reprennent cette quantité d'eau lorsqu'on les abandonne à l'air, grâce à l'humidité atmosphérique.

Les gaz chauds sont constamment aspirés à travers le foyer par un ventilateur et refoulés dans une cheminée, après avoir fait leur office ; ils sont alors à 150 degrés environ et entraînent avec eux une grande quantité de vapeur d'eau.

La pulpe sèche obtenue est mise en sacs, ce qui la rend d'un transport facile, et permet le contrôle aisé des quantités ; mais il est bon de la laisser en vrac dans les greniers à fourrages.

M. Bouchon, fabricant de sucre à Nassandres (Eure), établit de la manière suivante le rendement de l'appareil Pétry et Hecking :

Soit une consommation de 62 kilog. de charbon pour 100 kilog. de pulpe sèche. Ce charbon a servi à évaporer l'eau contenue dans la pulpe humide qui a donné ces 100 kilog. de pulpe sèche, 550 kilog. par conséquent, en comptant 650 kilog. de pulpe humide. Les calories nécessaires pour vaporiser cette eau sont :

$$627 \times 550 = 344.850 \text{ calories.}$$

La quantité des calories fournies a été d'environ

$$8.000 \times 62 = 496.000 \text{ calories}$$

(en comptant le charbon à 8.000 calories en moyenne). Le rendement est donc de :

$$\frac{100 \times 344.850}{496.000} = 69,5 \text{ p. } 100.$$

En résumé, on peut considérer un rendement moyen, pour l'appareil Pétry et Hecking, de 70 p. 100, ce qui, pour une telle machine thermique, peut être considéré comme assez satisfaisant.

D) *Dessiccateur universel système « von Schütz »*.

L'appareil à dessécher des pommes de terre et des autres matières agricoles système *von Schütz*, construit par l'établissement Wagner (Cüstrin-Neustadt), très répandu en Allemagne, emploie également des gaz chauds produits par un foyer spécial à coke, mais le procédé de dessiccation présente plusieurs particularités qui en assurent le succès.

La dessiccation se fait en deux périodes séparées. L'appareil (fig. 13, page 142) se compose de deux compartiments à quatre étages chacun, l'un pour la dessiccation préalable et l'autre pour la dessiccation finale, et le foyer à coke est placé entre les deux compartiments. Les cossettes de pommes de terre tombent dans le tambour supérieur du premier compartiment, où un propulseur rotatif les fait avancer lentement, tout en les mettant en contact intime avec les gaz chauds mélangés d'air frais aspirés du foyer au moyen d'un exhausteur, et, arrivées au bout du tambour, les cossettes tombent dans un deuxième tambour situé à l'étage

Fig. 13. — Dessiccateur universel système von Schütz.

au-dessous dans lequel elles cheminent en sens inverse. Du deuxième tambour les cossettes arrivent au troisième tambour, où elles sont de nouveau mises en contact avec des gaz chauds venant du foyer, en parcourant ainsi le troisième et le quatrième tambour, d'où elles sont reprises par un élévateur et conduites à l'étage supérieur du second compartiment, dans lequel s'opère la dessiccation finale. Les cossettes y suivent une marche analogue en parcourant successivement le premier, le deuxième, le troisième et le quatrième étage, changeant de sens à chaque tambour et recevant directement les gaz du foyer à l'entrée du premier et du troisième étage, tandis que les gaz chargés des vapeurs d'eau sont aspirés par l'exhausteur à leur sortie du deuxième et du quatrième étage. Arrivées au bas du dessiccateur final, les cossettes desséchées chaudes sont reprises par un élévateur et passées ensuite par un réfrigérant spécial, d'où elles sortent ramenées à la température ambiante pour être ensachées.

De la station du foyer qui est placée entre les deux compartiments, le chauffeur peut suivre, au moyen de thermomètres recourbés, la marche de la température, dans chacun des 8 étages situés à droite et à gauche.

La force motrice nécessaire pour le coupe-racines, les élévateurs et les tambours rotatifs, est fournie par une locomobile, laquelle existe généralement dans toute ferme importante, et l'ensemble de l'installation est compris d'une façon pratique et économique.

QUATRIÈME GROUPE.

Système Huillard.

L'appareil sécheur de M. Huillard (fig. 14), appliqué déjà dans un grand nombre d'industries diverses, est constitué par une tour cylindrique en maçonnerie de briques ordinaires,

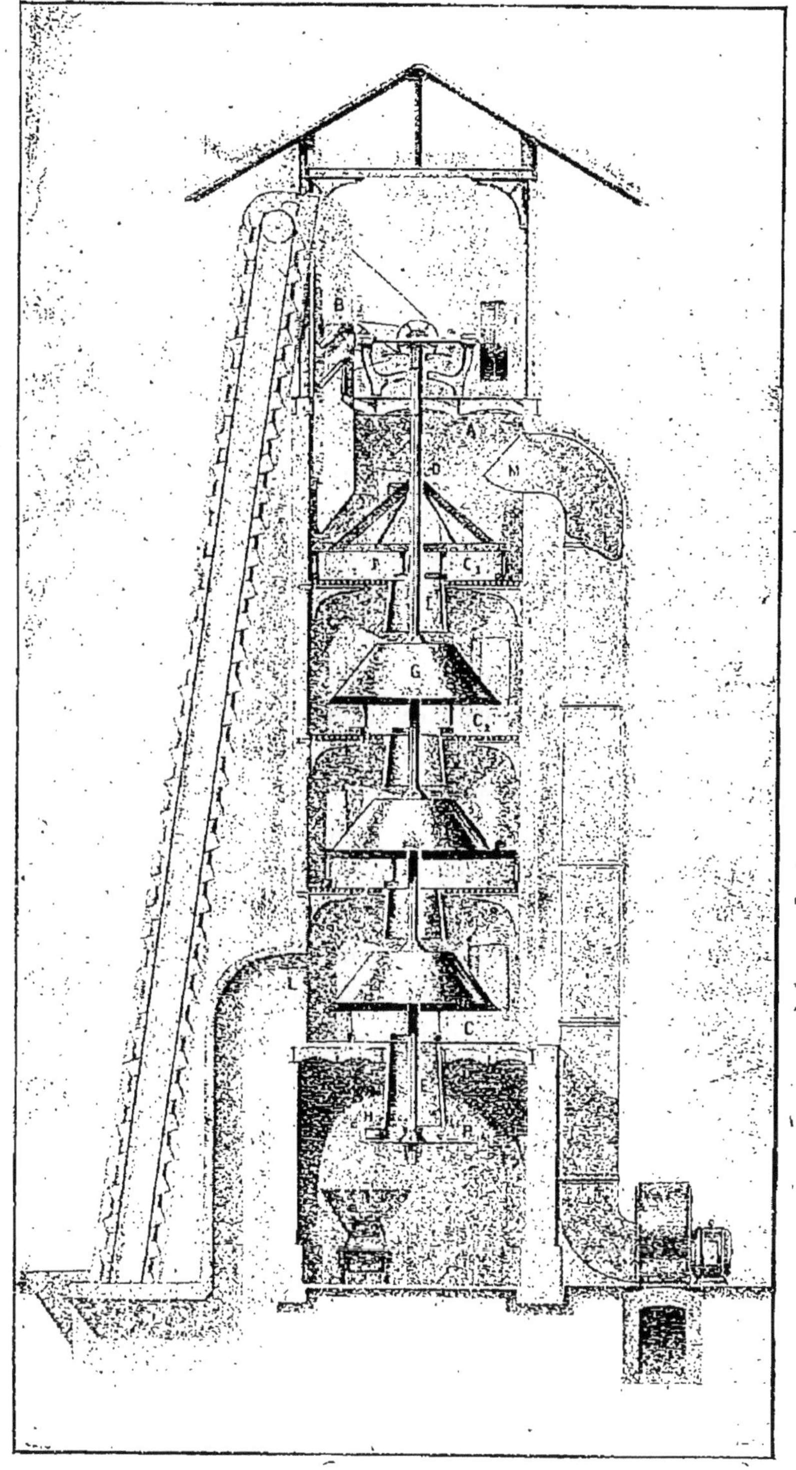

Fig. 14. — Appareil Huillard.

comportant à son intérieur trois ou quatre étages de plateaux en fonte perforée.

La matière à sécher passe successivement sur chacun de ces plateaux d'une façon automatique et continue, en formant sur chacun d'eux une couche d'épaisseur régulière.

Les gaz chauds qui traversent le sécheur arrivent à la partie inférieure de la tour et s'échappent, refroidis et chargés d'eau, à la partie supérieure. Grâce à la disposition des organes mécaniques, ces gaz chauds sont obligés de passer également à travers toutes les perforations des plateaux et de traverser ainsi les trois ou quatre couches superposées du produit à sécher. Cette circulation en sens inverse des gaz et du produit, appelée circulation méthodique, assure une utilisation excellente des calories, en même temps qu'un séchage homogène. Les gaz déjà chargés de vapeur d'eau traversant la couche supérieure de la matière soumise au séchage, couche très humide et très froide, laissent se condenser une partie de cette vapeur qu'ils emportent ensuite à l'état d'eau vésiculaire ; et de ce fait se trouve réalisée la double utilisation d'une partie des calories, puisque la chaleur latente de condensation restituée assure l'échauffement de la matière.

Les organes mécaniques mobiles sont constitués essentiellement par un arbre central vertical entraînant avec lui trois ou quatre troncs de cônes mobiles, à chacun desquels est fixé un certain nombre de palettes. Cet arbre est supporté par le haut et tourne sur billes ; il n'est que guidé à sa partie inférieure. Cette disposition permet de mettre en mouvement, avec une force très minime, les appareils de grande production.

Les palettes assurent le déplacement continu de la matière de la périphérie vers le centre de chaque plateau perforé. Lorsqu'elle est au centre de ces plateaux, la matière tombe dans un tronc de cône fixe évasé vers le bas et vient s'accumuler sur la base supérieure du tronc de cône mobile. Grâce à la pente de son talus naturel et à la rotation du tronc de cône mobile, la matière formant bouchon entre les troncs de cônes fixe et mobile, intercepte le passage de l'air en ce point et se répartit ensuite sur le pourtour de chaque plateau perforé. Les gaz chauds, qui ne peuvent pas passer par le cône central, sont donc obligés de traverser les perforations. Cette disposition permet d'obtenir des rendements calorifiques excellents, et cela même avec des gaz à température relativement peu élevée, comme le sont les gaz issus de la combustion sur les grilles des générateurs à vapeur.

Cette possibilité d'utiliser au maximum les chaleurs perdues qui, dans toutes les usines, s'en vont abondantes par la cheminée, a permis à cet appareil d'effectuer des séchages agricoles qui, jusqu'à présent, n'avaient pu être entrepris en raison des frais trop considérables qu'ils demandaient.

Parmi les produits agricoles dont la dessiccation peut avoir un grand intérêt dans notre pays, il faut distinguer les produits naturels, tels que la betterave, le topinambour, la pomme de terre, les châtaignes, les fèves, les marcs de raisin, les grains, les navets, les carottes, etc., et les résidus d'industries agricoles, tels que les pulpes de sucrerie et de distillerie, les pulpes de féculerie et d'amidonnerie, les drêches de brasserie, etc. (1).

Produits naturels. — Entre tous les produits divers que nous venons de citer et qui ne sont, en somme, qu'un petit nombre de ceux dont la dessiccation serait intéressante, nous allons en choisir un des plus importants, la betterave, pour examiner de près les conditions économiques du travail de séchage.

On peut envisager soit une usine entièrement isolée, construite spécialement en vue du séchage et dénommée séchcrie, soit un atelier annexé, pour ainsi dire, à une usine déjà existante ayant sa force motrice et sa cheminée. Dans le premier cas, il faudra opérer le séchage en brûlant du combustible, alors que dans le second on pourra économiser cette dépense de charbon, puisqu'on

---

(1) Voir la communication que M. Huillard a faite à la *Société des Agriculteurs de France* (Section d'agriculture), dans la session de 1908, à laquelle nous avons emprunté les principaux renseignements donnés.

utilisera évidemment les chaleurs perdues des gaz des carneaux de l'usine existante.

1º *Sécherie isolée*. — Une usine séchant en 24 heures 60 tonnes de betteraves, à 82 pour 100 d'eau, produira dans le même temps 12 tonnes de cossettes séchées à 10 pour 100 d'eau. Les frais d'établissement de cette usine seront à peu près les suivants :

Terrains et bâtiments comprenant hangar à betteraves et magasin pour le produit sec.....................	50.000 fr.
Chaudière et machine à vapeur pour 100 H. P. avec accessoires.....................................	40.000
Fours sécheurs et foyers avec accessoires..........	65.000
Laveur, élévateur et découpeur de betteraves........	20.000
TOTAL............	175.000 fr.

Les frais de séchage s'établissent comme suit, en comptant le charbon à 25 francs la tonne, rendu usine.

Force motrice...................................	90 fr.
Charbon pour séchage...........................	150
Main d'œuvre (2 équipes de 11 hommes)...........	84
Graissage, éclairage, entretien....................	20
Amortissement (10 années de 150 jours)...........	116
Frais généraux divers............................	20
TOTAL..............	480 fr.

Le prix de revient de fabrication par 100 kilogrammes de cossettes sèches obtenues serait donc de $\dfrac{480}{120} = 4$ francs.

En admettant que la betterave traitée coûte 17 francs la tonne rendue usine, on voit que le prix de revient total des 100 kilogrammes de cossettes sèches sera de $\dfrac{17}{2} + 4 = 12$ fr. 50.

Pour un produit autre que la betterave, on peut admettre que l'usine ci-dessus envisagée pourrait, en vingt-quatre heures, produire une quantité de matière sèche telle que le poids d'eau évaporée reste égal à celui évaporé dans le cas étudié.

Pour le topinambour, par exemple, qui contient 80 pour 100 d'eau, la sécherie en question pourrait en sécher soixante-deux tonnes par jour et produire ainsi 13,8 tonnes environ de topinambour sec. Le prix de revient de fabrication de ce produit sec sera donc, par 100 kilogrammes, de $\dfrac{180}{138} = 3$ fr. 50.

Pour la pomme de terre, qui, elle, contient 75 pour 100 d'eau environ, le prix de revient de fabrication s'abaisserait à 2 fr. 60 par 100 kilogrammes de produit sec.

Pour tous les autres tubercules, fruits ou légumes intéressants, on pourrait avoir ainsi une estimation suffisamment approchée des frais de fabrication.

2° *Sécherie annexée à une usine existante.* — Cette usine existante appartiendra, en général, à une industrie agricole : sucrerie, distillerie, brasserie, etc. Elle utilisera par conséquent sa vapeur d'échappement et elle nous procurera ainsi un double avantage: d'une part, elle nous livrera pour le séchage des calories gratuites que jusqu'ici elle envoyait à la cheminée en pure perte, et, d'autre part, la force motrice nécessaire aux appareils sécheurs ne coûtera à peu près rien, puisque la vapeur sortant du cylindre de la machine motrice emporte encore avec elle 97 pour 100 des calories qu'elle avait en entrant dans ce même cylindre et qu'elle va les faire servir aux opérations de chauffage ou de concentration de l'usine.

De plus, l'installation de séchage pourra ne plus exiger de frais généraux aussi élevés que lorsqu'elle était isolée, en n'envisageant toutefois que la suppression des frais de charbon pour séchage et des frais de force motrice. Ces seules économies réduiront de 150 + 90 = 240 francs le total des frais journaliers de fabrication, et ainsi on arrivera à un prix de revient de séchage de $\dfrac{240}{120} = 2$ francs pour 100 kilogrammes de cossettes sèches de betteraves.

Dans ces conditions, le prix de revient total de ces 100 kilogrammes de betteraves sèches serait seulement de $\dfrac{17}{2} + 2 = $ 10 fr. 5o.

Pour le topinambour, le prix de fabrication se réduirait, dans les mêmes conditions, à 1 fr. 75 par 100 kilogrammes de produit sec et pour la pomme de terre à 1 fr. 3o.

Résidus d'industries agricoles. — Pour réaliser un séchage économique, il est évident que les résidus d'industries agricoles devront être séchés dans l'usine qui les a fait naître et toujours au moyen des chaleurs perdues de cette usine. Les produits obtenus seront de très bel aspect et d'excellente qualité, à la seule condition qu'on ait soin d'utiliser pour leur séchage des gaz de combustion suffisamment propres, c'est-à-dire débarrassés des produits de distillation dus à une mauvaise combustion et aussi des parcelles de charbon mécaniquement entraînées hors de la cheminée. Cette condition, d'ailleurs, est très facile à réaliser, grâce aux dispositifs actuels de fumivorité aussi variés qu'efficaces dont dispose l'industrie et que l'industriel aura toujours avantage à adopter, ne serait-ce que pour réaliser, de ce seul fait, une meilleure combustion de son charbon et, par suite, une économie réelle de ce combustible.

L'installation de séchage traitant la pulpe de 200 tonnes de betteraves revient, toute montée, avec ses divers accessoires, à la somme d'environ 5o.ooo francs. Elle produit, en vingt-quatre heures, 10.000 kilogrammes de pulpe séchée à 10 p. 100 d'eau, c'est-à-dire la quantité correspondant à environ 100 tonnes de pulpe humide dans l'état où elle est, en général, livrée aux cultivateurs (90 pour 100 d'eau). Le prix de revient s'établit donc comme suit, en comptant le charbon à 25 francs la tonne et en admettant que la vapeur pour la force motrice entre dans le cylindre de la machine à 6 kilogrammes de pression (655 calories par kilogramme) et en sorte à 1 kilogramme de pression absolue (635 calories par kilogramme), pour aller servir ensuite aux appareils de concentration.

Chaleur pour séchage (chaleurs perdues) :

50 HP. de force motrice : $\dfrac{655-635}{655} \times \dfrac{15}{7,5} \times 50 \times 24 \times 0,025 = 1$ fr. 85

Salaires : un surveillant, deux ensacheurs (deux équipes).. 24 fr.

Graissage, éclairage, divers................................ 10 »

Amortissement en dix années de quatre-vingt-dix jours.... 92 »

Total................... 127 fr. 85

Les frais de séchage par 100 kilogrammes de pulpe sèche sont de : $\dfrac{127,85}{100} = 1$ fr. 28, soit, en arrondissant, 1 fr. 30 ou, en d'autres termes, 0 fr. 65 pour la pulpe d'une tonne de betterave.

Drêches de brasserie. — Les drêches de brasserie ont un tonnage beaucoup moins considérable que celui des pulpes de sucrerie. Une brasserie produisant en vingt-quatre heures 8.000 kilogrammes de drêches à 76 pour 100 d'eau est déjà une brasserie importante. L'appareil envisagé pour ce travail revient à 12.000 francs monté avec ses accessoires.

La production en drêches à 10 pour 100 d'eau serait de 2.150 kilogrammes en vingt-quatre heures. Les frais de séchage sont :

Force (8 HP.) : $\dfrac{655-635}{655} \times \dfrac{15}{7,5} \times 8 \times 24 \times 0,025 = 0$ fr. 30

Salaires : un homme (deux équipes)............... 9 » »

Graissage, éclairage, divers...................... 1 » »

Amortissement en dix ans (trois cents jours l'an).... 4 » »

Total............. 14 fr. 30

Pour 100 kilogrammes de produit sec, les frais sont donc de : $\dfrac{14,30}{21,5} = 0$ fr. 67.

Queues de betteraves. — On admet généralement que, dans

les sucreries importantes, ces queues de betteraves constituent un déchet de 2 à 3 pour 100 du poids de la betterave; elles vont à l'égout et au fumier. Leur dessiccation en fait un fourrage excellent, renfermant 55 pour 100 environ de sucre.

Les frais de cette dessiccation sont moins élevés encore que ceux afférents à la pulpe, puisque, le produit initial renfermant moins d'eau, le même appareil peut, dans le même temps, en traiter une quantité plus grande; ils ne sont que de 1 fr. 10 à 1 fr. 20 pour 100 kilogrammes de produit sec.

CHAPITRE XIV

Organisation de sécheries agricoles.

Parmi les systèmes de dessiccation décrits dans le précédent chapitre, il y en a quelques-uns qui se prêtent fort bien à la dessiccation de toutes sortes de matières agricoles, qualité précieuse dont nos agriculteurs sauront tirer le meilleur parti, surtout dans les fermes pourvues d'une industrie agricole, distillerie ou laiterie-beurrerie. Il y a dans toute ferme beaucoup de résidus utilisables après dessiccation, comme nous l'avons indiqué au cours de notre mémoire, et rien n'empêcherait l'agriculteur de dessécher dans le même appareil les feuilles et les collets de betteraves au moment de l'arrachage, les pulpes de distillerie au cours de la fabrication et les topinambours, une fois la fabrication terminée.

Dans les pays de production de pommes de terre, le dessiccateur universel devient, pour ainsi dire, l'auxiliaire indispensable, parce qu'il en est le régulateur économique, en assurant l'équilibre entre la production et la consommation. Quelquefois, l'agriculteur ayant récolté des grains très humides aura intérêt à les dessécher, afin d'en assurer la conservation.

Or, en employant le même appareil à des usages multiples, c'est-à-dire en prolongeant la campagne de dessiccation, les frais généraux annuels, tels que l'amortissement et l'intérêt du capital, etc., sont répartis sur une quantité plus considérable de matières desséchées et se trouvent notablement réduits par unité de poids de matières humides traitées ou de produit sec obtenu.

Il existe en Allemagne plusieurs installations de ce genre qui ont donné des résultats très encourageants, et il y a lieu d'espérer que nous ne tarderons pas à avoir chez nous des installations similaires.

Dans les fermes importantes la dessiccation est facile à installer. Il y a toujours une force motrice disponible, machine à vapeur, locomobile ou moteur à explosion, et le prix de l'installation est bien à la portée de l'agriculteur. Les petits fermiers hésiteront à installer un appareil sécheur malgré les services qu'il est susceptible de leur rendre; ils reculeront surtout devant une dépense qui leur paraîtra hors de proportion avec l'importance des terres exploitées. Cela ne veut pas dire qu'ils devront renoncer aux avantages économiques de la dessiccation, et rien ne les empêchera de se syndiquer pour établir, au centre de leurs petites cultures, une sécherie syndicale pour dessécher en commun leurs récoltes et leurs résidus agricoles, en bénéficiant des avantages que leur confère la loi du 31 mars 1899 sur la coopération agricole, complétée par la loi du 29 décembre 1906, autorisant des avances aux sociétés coopératives agricoles, suivie des décrets des 30 mai et 26 août 1907. (V. les annexes pages 163 à 170.)

En effet, le mouvement syndical affecte une grande variété de formes et l'importance des groupements qui en découlent est des plus variables, depuis l'association réunissant quelques habitants d'un hameau jusqu'aux grands syndicats agricoles embrassant un département entier et comptant des milliers de membres.

La loi de 1884 a permis à l'agriculture de créer des associations professionnelles plus étendues à l'aide des unions de syndicats, unions centrales et locales, qui ont toutes exercé une influence heureuse sur la direction et la coordination du mouvement syndical agricole en France. Elles provoquent et guident les initiatives locales, leur fournissent les moyens de se développer, cherchent la solution des questions d'intérêt collectif, dégagent et précisent les vœux formulés en faveur de l'agriculture.

Nul ne peut nier l'importance de l'œuvre réalisée par les syndicats agricoles. En faisant pénétrer les principes de mutualité dans les procédés d'exploitation du sol, ils ont préparé une évolution économique d'une portée considérable et facilité l'organisation des groupements coopératifs dérivés des syndicats.

Nous extrayons les considérants qui suivent de l'instructif *exposé des motifs* qui précède le projet de loi déposé le 21 avril 1905, sur le bureau de la Chambre des Députés, par M. *Rouvier*, président du Conseil, et M. *Ruau*, ministre de l'Agriculture, prolet qui a abouti à la loi du 29 décembre 1906, *autorisant des avances aux Sociétés coopératives agricoles*. Cette loi bienfaitrice contribuera certainement pour une grande part à l'installation et au développement de sécheries agricoles coopératives.

Nous attirons particulièrement l'attention de nos lecteurs du monde agricole sur les passages suivants du mémoire ministériel mentionné, dont l'intérêt ne leur échappera certainement pas :

« **Situation actuelle des groupements agricoles d'intérêt collectif** . — Le développement de la culture et l'augmentation de la production étant subordonnés entièrement, à notre époque, au problème de l'organisation collective de la vente des denrées agricoles, les syndicats ont *favorisé la constitution de groupements d'agriculteurs en vue de la conservation, de la transformation, de l'expédition et de la vente de leurs produits sur les marchés français et étrangers.*

« Les associations peuvent, en effet, grouper les envois pour obtenir des prix de transport réduits et le retour rapide des colis vides, créer des courants continus, avoir des représentants à l'étranger, régulariser les prix.

« Personne n'ignore les difficultés auxquelles se trouve exposé le producteur isolé qui, insuffisamment renseigné sur les centres de vente, les besoins du marché et les exigences du consommateur, doit quelquefois non seulement céder ses produits à vil prix, mais souffrir en outre de la difficulté de recouvrement de ses créances.

« On compte actuellement en France, en dehors des 3.000

syndicats organisés en vue de l'achat de denrées diverses, plus de 1.300 groupements d'agriculteurs qui, sous les dénominations variées de sociétés coopératives agricoles, d'associations coopératives syndicales, de syndicats agricoles coopératifs, ont pour but de produire, de conserver, de transformer ou de vendre en commun les produits de l'exploitation du sol et des animaux.

« A ces buts parfaitement distincts devraient correspondre théoriquement des groupements également distincts; mais, en réalité, un grand nombre d'associations poursuivent à la fois plusieurs buts, et il semble préférable de réunir dans ce rapide exposé de notre situation actuelle, au point de vue coopératif, les diverses formes de la mutualité agricole selon l'objet auquel elles se rapportent. Cette méthode présentera en outre l'avantage de faire ressortir les divers résultats obtenus, suivant que l'on considère tel ou tel produit pour lequel l'application des principes coopératifs n'a pas semblé offrir un nombre d'avantages aussi considérable que pour tel ou tel autre. »

« **Situation légale des divers groupements d'intérêt collectif.** — *Associations syndicales.* — Le régime applicable à ces associations est nettement défini par les lois des 21 juin 1865 et 22 décembre 1888. Ces associations peuvent ester en justice, acquérir, échanger, vendre, emprunter et hypothéquer, mais leur constitution est entourée de formalités nombreuses et minutieuses destinées à sauvegarder les droits des intéressés et ceux des tiers. Elles ont rendu, dans beaucoup de cas, d'inappréciables services, et elles pourraient prendre beaucoup d'extension si de légères modifications étaient apportées aux lois qui les régissent.

« *Sociétés coopératives agricoles.*—*Sociétés civiles* (1re forme possible des coopératives agricoles). — Ces sociétés, dans lesquelles deux ou plusieurs personnes conviennent de mettre quelque chose en commun dans le but de partager le bénéfice qui pourra en résulter, sont régies par les articles 1832 à 1873 du Code civil. Il faut ajouter, en ce qui concerne l'agriculture, que l'article 638 du Code de commerce décide que les actions intentées contre un propriétaire, cultivateur ou vigneron, pour vente de denrées provenant de son cru, ne sont pas de la compétence des tribunaux de commerce. Les agriculteurs sont d'ailleurs, pour ce fait, exemptés de la patente par la loi du 15 juillet 1880, article 17. Il en résulte que l'agriculteur, qui ne fait pas acte de commerce en vendant les produits de son exploitation, ne perd pas ce privilège en s'associant dans ce but avec d'autres producteurs. Ces associations de producteurs peuvent donc être purement civiles et ne pas être soumises aux règles de la comptabilité commerciale.

« *Sociétés civiles à forme commerciale* (2ᵉ forme des coopératives agricoles). — La loi du 1ᵉʳ août 1893 a décidé que, quel que soit leur objet, les Sociétés en commandite ou anonymes qui seront constituées dans les formes du Code de commerce ou de la loi de 1893 seront commerciales et soumises aux lois et usages du commerce. Il résulte de cette loi que, dans un certain nombre de cas, les associations agricoles, bien que ne faisant pas acte de commerce par définition, sont obligées de se constituer sous la forme commerciale conformément aux prescriptions des lois du 24 juillet 1897 et du 1ᵉʳ août 1893, sans toutefois que les transactions qu'elles passent changent de nature pour cela, à condition qu'il ne s'agisse, bien entendu, que de la vente de marchandises produites exclusivement par les membres qui les composent.

« *Sociétés commerciales* (3ᵉ forme de coopératives agricoles). — Les groupements agricoles qui ne se contentent pas d'acheter, de transformer et de vendre les produits de leurs membres, mais qui, en même temps, font habituellement, et non par exception forcée, des transactions avec des producteurs ne faisant pas partie de l'association, ne peuvent bénéficier des exceptions prévues dans les cas que nous venons d'examiner. Ils font nécessairement des actes de commerce et, comme tels, sont assujettis intégralement à la patente, au Code de commerce et aux lois des 24 juillet 1857 et 1ᵉʳ août 1863. »

« Nécessité de faciliter la création des Sociétés coopératives agricoles par l'organisation du crédit agricole à long terme. — La prospérité de l'agriculture est entièrement subordonnée au problème de l'organisation de la production et de la vente en commun des produits agricoles. Les agriculteurs l'ont si bien compris que, sous les formes et les noms les plus divers, ils ont tenté d'organiser des groupements ayant pour but de faciliter ou de garantir toutes les opérations, de quelque nature qu'elles soient, que nécessite l'exploitation rationnelle du sol, et constitués en vue d'assurer l'écoulement le plus fructueux des produits agricoles.

« Les objets principaux que peuvent fournir ces groupements, connus le plus généralement sous la dénomination de Sociétés coopératives agricoles, sont : de permecttre aux agriculteurs d'effectuer l'acquisition en commun de tous les objets nécessaires à l'exercice de leur profession, de faciliter la production, de permettre la conservation des produits souvent périssables ou sujets à se détériorer, de rendre possible la vente au moment le plus favorable, d'amener une amélioration sensible de prix pour le producteur en même temps que la diminution du prix de vente au consommateur, de faire bénéficier le producteur de la plus-value résultant des diverses transformations que doit subir la marchandise, dans certains cas, pour être livrée à la consommation, de réaliser des économies importantes sur les frais de transport, de créer des marques spéciales, de garantir l'authenticité et la bonne qualité des produits, de se procurer un matériel spécial de transport et d'emballage et d'obtenir l'extension des débouchés existants.

« Cette forme d'association a surtout pour but de porter remède à la situation précaire des petits exploitants, si nombreux en France, puisqu'ils comptent 4.852.000 représentants contre 849.000 s'occupant de la grande et de la moyenne culture.

« Le petit cultivateur isolé est intéressé au plus haut point à la création de ces institutions ; il est, en effet, insuffisamment renseigné sur les centres de vente, les besoins du marché et les exigences du consommateur. Aussi doit-il, le plus souvent, non seulement céder ses produits à vil prix, mais encore souffrir de la difficulté du recouvrement de ses créances.

« L'organisation de ces groupements divers, que la situation économique actuelle impose aux agriculteurs, a déjà rendu les plus grands services, mais le développement de ces institutions est enrayé de la manière la plus grave par les obstacles très sérieux qu'elles rencontrent pour se procurer les ressources indispensables à leur bon fonctionnement. Elles ne peuvent, en effet, recourir que très difficilement au crédit pour se procurer les sommes nécessaires à l'édification ou à l'aménagement de bâtiments parfois importants, pourvus dans bien des cas d'un matériel spécial dont l'ensemble représente le plus souvent un capital de premier établissement qui peut être considérable.

« Cette obligation de se procurer les capitaux nécessaires est tellement impérieuse que nombre de groupements agricoles, devançant l'œuvre du législateur, ont tenté d'obtenir ce crédit à long terme, qu'ils ne pouvaient obtenir directement, en se faisant consentir, par les caisses de crédit agricole, des prêts, dont le renouvellement, d'un commun accord, est escompté, on pourrait dire presque par avance. Ce procédé présente de nombreux inconvénients dont les principaux sont de ne répondre que très imparfaitement au but visé, de créer une situation très aléatoire, en quelque sorte en marge de la loi.

« Les nécessités économiques de l'heure présente exigent que l'organisation actuelle du crédit agricole soit complétée à bref délai et, par une extension toute naturelle, qu'elle permette l'établissement du crédit agricole à long terme. Dans la plupart des cas, celui-ci peut seul permettre de donner à l'agriculteur les moyens de réaliser les améliorations de tout ordre qui lui sont indispensables spour lutter victorieusement contre les difficultés presque insurmontables au milieu desquelles il se débat.

« Dans la plupart des États d'Europe, surtout dans ceux dont les produits viennent concurrencer les nôtres sur le marché du monde, l'Etat, non seulement ne se désintéresse pas des tentatives faites par les agriculteurs pour grouper leurs efforts et obtenir par une collaboration mutuelle de meilleures conditions de vente à des acheteurs qui y trouvent également leur profit, mais encore il facilite la création et le fonctionnement de ces mutualités par des mesures spéciales. Il leur donne son appui moral et des encouragements matériels variant selon le pays et le but poursuivi. Ces encouragements sont de deux sortes : l'Etat attribue, d'une part, des primes, subventions ou allocations qui sont une aide pécuniaire très appréciable pour faciliter la création ou le fonctionnement de ces sociétés coopératives dont les débuts sont toujours difficiles ; d'un autre côté, il organise le prêt à long terme, qui permet aux coopératives de trouver à bon compte les capitaux nécessaires pour subvenir aux frais de premier établissement.

« Dans notre pays, le Gouvernement a bien accordé aux groupements coopératifs de cette nature son appui moral en offrant l'aide de l'Office de renseignements agricoles et en enjoignant aux professeurs d'agriculture d'aider de leurs conseils la formation et le fonctionnement de ces sociétés; mais des considérations budgétaires avaient arrêté le ministre de l'Agriculture dans son désir de demander au Parlement des crédits spéciaux pour accorder des encouragements pécuniaires. Sur l'initiative de M. Malizard, député, la Chambre avait voté, à titre d'indication, un amendement, accepté et soutenu par la Commission du budget et par le ministre de l'Agriculture, qui avait créé pour 1905 un chapitre spécial et y avait inscrit un crédit de 50.000 francs destiné à accorder des encouragements aux sociétés coopératives agricoles. Le Sénat a repoussé ce crédit.

« Le Parlement et le Gouvernement ont donc plus que jamais à se préoccuper, au point de vue immédiat, de l'organisation du crédit agricole à long terme et de l'assurer dans les meilleures conditions pour l'agriculture et pour le Trésor. »

« **Organisation du crédit agricole**. — Cette question, dont l'importance ne peut échapper à personne, n'est pas absolument nouvelle pour le Parlement. Déjà, le 3o juin 1903, MM. Clémentel et Ruau, ainsi qu'un grand nombre de leurs collègues, déposaient sur le bureau de la Chambre une proposition de loi tendant à la création de sociétés coopératives agricoles. Cette proposition, précédée d'un remarquable exposé des motifs, résumait, d'une façon très détaillée, les avantages de l'organisation collective de la vente des céréales, ainsi que les diverses formes de l'intervention des gouvernements étrangers dans cette matière. Elle décrivait l'institution et le fonctionnement des magasins à céréales, tantôt construits aux frais de l'Etat, qui les loue ensuite à des associations de propriétaires, tantôt recevant simplement des subventions ou des avances sans intérêts. La proposition, dont le principal objet était de régler l'organisation, la réglementation et le fonctionnement des sociétés coopératives, contenait des dispositions ayant pour but d'assurer à ces sociétés l'aide financière de l'Etat, consistant dans l'attribution d'avances sans intérêts en vue de la création et de l'aménagement de magasins agricoles. Cette proposition, allégée de tout ce qui contenait l'organisation, le fonctionnement et la réglementation des sociétés coopératives, était devenue un amendement à la loi de finances de l'exercice 1904, déposé par MM. Ruau et Clémentel, prévoyant l'attribution d'avances sans intérêts aux sociétés coopératives agricoles en vue de la construction et de l'aménagement de greniers, celliers ou magasins. Ce nouveau texte démontrait qu'il était nécessaire de donner une certaine extension au premier projet de M. Clémentel et de ses collègues qui s'occupait, dans son exposé des motifs, presque exclusivement des greniers à blé. L'amendement, momentanément retiré par ses auteurs, à la demande de la Commission du budget de 1904, fut repris par eux et redéposé sous forme d'amendement à la loi de finances de l'exercice 1905. Dans l'intervalle, les nécessités des conditions économiques actuelles amenèrent à étendre encore davantage l'objet de l'amendement, et le nouveau projet proposait d'autoriser le ministre de l'Agriculture à consentir des avances aux sociétés coopératives agricoles pour subvenir à leurs frais de premier établissement.

« L'organisation du crédit à long terme était prévue, dans ces divers projets, en prélevant une somme de cinq millions sur les ressources du Crédit agricole, mais ce crédit était imputé, non pas sur l'avance de 40 millions fournie par la Banque de France et remboursable à la fin de son privilège, c'est-à-dire en 1920, mais bien sur le fonds des redevances annuelles de cet établissement définitivement acquises à l'agriculture. Cette disposition rendait donc possible la création du crédit agricole à long terme et permettait à un grand nombre d'entreprises de bénéficier de ces facilités, dont elle n'aurait pu sans cela que difficilement profiter.

« La discussion du budget de l'exercice 1905 a fait ressortir tout l'intérêt que le Parlement porte à cette question et sa volonté bien arrêtée d'encourager l'agriculture dans une voie qui a rendu déjà des services signalés aux pays étrangers. Aussi, a-t-il été déposé un projet de loi spécial portant tous les développements nécessaires pour donner au Parlement l'occasion de discuter à fond cette question et de prendre une décision que rend nécessaire la situation actuelle de l'agriculture. »

« **Intervention des divers Etats en faveur de la coopération agricole.** — Il n'est guère d'Etats qui ne considèrent aujourd'hui comme un devoir essentiel, imposé par l'évolution économique du dernier quart du xixᵉ siècle, d'intervenir d'une façon plus ou moins directe en vue de favoriser la création et le développement des sociétés coopératives.

« Les uns se sont bornés à propager les principes de la coopération et à en surveiller l'application ; d'autres ont accordé aux sociétés coopératives, ou à certaines catégories d'entre elles, des immunités fiscales ; plusieurs leur ont fait une condition privilégiée dans les marchés de fournitures conclus avec les administrations publiques. Enfin, un certain nombre d'Etats ont poussé plus loin l'intervention, en fournissant aux coopératives une partie des capitaux dont elles ont besoin, allant même jusqu'à entre prendre la construction et l'aménagement des locaux nécessaires à leur fonctionnement. »

NOTE ADDITIONNELLE

Le séchage des grains avariés.

Il existe dans tous les ports de commerce de grandes quantités de grains qui ont été mouillés au cours du transport maritime et qui, par suite, sont avariés ; de même, dans certaines villes desservies par la navigation fluviale, on trouve d'assez grandes quantités de ces grains mouillés.

Dans cet état les grains sont invendables et se décomposent facilement. Il serait donc du plus haut intérêt d'avoir dans tous les ports de commerce des appareils de séchage économiques, de manière à pouvoir traiter ces grains dès leur débarquement, et éviter ainsi toute perte par décomposition.

Avec l'appareil sécheur HUILLARD, on réalise très facilement ce problème et, en prenant une température appropriée qui ne détruise pas le germe du grain, on obtient des grains de très bonne qualité.

Il existe aux environs de Paris, à Antony, dans la Féculerie de MM. Mignon et Perrin, un appareil de ce système installé pour le séchage de la pulpe de pommes de terre, décrit page 62, qui fonctionne pendant environ 3 mois que dure la campagne de féculerie et qui, pendant tout le reste de l'année, sèche les grains mouillés que l'on trouve en assez grande quantité à Paris même.

ANNEXES

I

Loi du 29 décembre 1906 autorisant des avances aux sociétés coopératives agricoles.

(Journal officiel du 30 décembre 1906.)

Article premier. — L'article 1er de la loi du 31 mars 1899 est ainsi complété :

« Le Gouvernement peut, en outre, prélever sur les redevances annuelles et remettre gratuitement auxdites caisses régionales des avances spéciales destinées aux sociétés coopératives agricoles et remboursables dans un délai maximum de vingt-cinq années.

« Ces avances ne pourront dépasser le tiers des redevances versées annuellement par la Banque de France dans les caisses du Trésor, en vertu de la convention du 31 octobre 1896, approuvée par la loi du 17 novembre 1877. »

Art. 2. — Les caisses régionales sont chargées de faciliter les opérations concernant l'industrie agricole effectuées par les sociétés coopératives agricoles, régulièrement affiliées à une caisse locale de crédit mutuel régie par la loi du 5 novembre 1894.

Elles garantissent le remboursement, à l'expiration des délais fixés, des avances spéciales qui leur sont faites pour les sociétés coopératives agricoles.

Toutes opérations autres que celles prévues par le présent article et par la loi du 31 mars 1899 leur sont interdites.

Art. 3. — Les caisses régionales recevront des sociétés coopératives agricoles, sur les avances spéciales qu'elles auront remises à celles-ci, un intérêt qui sera fixé par elles et approuvé par le Gouvernement, après avis de la commission prévue à l'article 5.

Art. 4. — Les demandes d'avances émanant des sociétés agricoles devront indiquer, d'une manière précise, l'emploi des fonds sollicités ;

elles seront présentées au Gouvernement par l'intermédiaire des caisses régionales de crédit agricole mutuel.

Pourront seules recevoir les avances prévues à l'article 1er de la présente loi, quel que soit d'ailleurs leur régime juridique, les sociétés coopératives agricoles constituées par tout ou partie des membres d'un ou plusieurs syndicats professionnels agricoles, en vue d'effectuer ou de faciliter toutes les opérations concernant soit la production, la transformation, la conservation ou la vente des produits agricoles provenant exclusivement des exploitations des associés, soit l'exécution de travaux agricoles d'intérêt collectif, sans que ces sociétés aient pour but de réaliser des bénéfices commerciaux.

Art. 5. — La répartition des avances aux caisses régionales de crédit agricole, tant en vertu de la présente loi que de la loi du 31 mars 1899, sera faite par le ministre de l'Agriculture sur l'avis d'une commission spéciale et dont les membres, à l'exception des membres de droit, sont nommés par décret pour quatre années, composée ainsi qu'il suit :

Le ministre de l'Agriculture, *président* ;

Quatre sénateurs ;

Six députés ;

Un membre du Conseil d'Etat ;

Un membre de la Cour des comptes,

Le gouverneur de la Banque de France ;

Le directeur général de la comptabilité publique ;

Le directeur du mouvement général des fonds ;

Un inspecteur général des finances ;

Le directeur général des eaux et forêts ;

Le directeur de l'agriculture ;

Le directeur du secrétariat, du personnel centra et de la comptabilité ;

Le directeur de l'hydraulique et des améliorations agricoles ;

Le directeur des haras ;

Le chef du service des caisses régionales de Crédit agricole mutuel ;

Six inspecteurs généraux ou inspecteurs du ministère de l'Agriculture ;

Trois membres du Conseil supérieur de l'agriculture ;

Huit représentants choisis parmi les membres des caisses de crédit agricole mutuel, régionales ou locales, ou des sociétés coopératives agricoles.

En dehors des membres permanents de la Commission, les inspecteurs généraux et inspecteurs de l'agriculture, les inspecteurs des améliorations agricoles et les inspecteurs des caisses de crédit agricole mutuel chargés de rapports sont appelés à les soutenir devant la Commission avec voix consultative.

Est abrogé l'article 4 de la loi du 31 mars 1899.

Art. 6. — Un décret rendu après avis de la Commission de répartition des avances, sous le contreseing des ministres de l'Agriculture et des Finances, déterminera limitativement la nature des opérations que pourront entreprendre les sociétés coopératives agricoles susceptibles de recevoir des avances de l'Etat.

La Commission de répartition déterminera la durée de chaque prêt, ainsi que le montant de l'avance, qui ne pourra excéder le double du capital de la société coopérative agricole, versé en espèces.

Cette avance spéciale deviendra immédiatement remboursable en cas de violation des statuts ou de modifications à ces statuts qui diminueraient les garanties de remboursement.

Art. 7. — Des règlements d'administration publique détermineront, pour les Sociétés coopératives agricoles qui demanderont des avances par l'intermédiaire et avec la garantie des caisses régionales de crédit agricole, en vertu de la présente loi, la procédure à suivre, les dispositions éventuelles que devront contenir les statuts, le mode et la forme des enquêtes préliminaires d'ordre économique et technique à ouvrir par les services intéressés du ministère de l'Agriculture, la surveillance à exercer sur l'emploi des avances qui ne devront pas être détournées de leur affectation, les garanties d'ordre général à prendre pour assurer le remboursement des prêts, ainsi que les moyens de contrôle à exercer sur ces Sociétés coopératives pour sauvegarder les intérêts du Trésor.

II

Décret du 30 mai 1907 fixant la nature des opérations devant être faites par les sociétés coopératives agricoles pour donner lieu aux avances de l'Etat.

(*Journal officiel* du 28 août 1907.)

Article premier. — Pourront seules donner lieu aux avances de l'Etat, en vertu de la loi du 29 décembre 1906, les opérations de la nature suivante, faites par les Sociétés coopératives agricoles désignées à l'article 4 de ladite loi :

La production, la transformation, la conservation et la vente des produits agricoles ; l'acquisition, la construction, l'installation et l'appropriation des bâtiments, ateliers, magasins, matériel de transport ; l'achat et l'utilisation des machines et instruments nécessaires aux opérations agricoles d'intérêt collectif.

III

Décret du 26 août 1907 portant règlement d'administration publique pour l'exécution de la loi du 29 décembre 1906, autorisant des avances aux sociétés coopératives agricoles.

(*Journal officiel* du 28 août 1907.)

CHAPITRE PREMIER

INSTRUCTION DES DEMANDES D'AVANCES A OBTENIR DE L'ÉTAT

ARTICLE PREMIER. — Les Sociétés coopératives agricoles qui se proposent d'obtenir, sous la responsabilité d'une caisse régionale, des avances dans les conditions prévues par la loi du 29 décembre 1906, font parvenir leur demande à cette caisse avec les pièces ci-après :

1° Les statuts en double exemplaire de la Société intéressée ;

2° La liste des souscripteurs, avec mention du syndicat professionnel dont chacun d'eux fait partie, et avec indication du capital versé ainsi que de son mode d'emploi ;

3° Les noms, qualités et domiciles des membres du conseil d'administration et des commissaires des comptes ;

4° Une copie des délibérations de l'assemblée générale constitutive ;

5° La désignation de la caisse locale de crédit agricole mutuel, régie par la loi du 5 novembre 1894, à laquelle doit se rattacher ladite Société coopérative aux termes de l'article 2 de la loi du 29 décembre 1906 ;

6° L'indication des immeubles possédés par la Société et leur situation hypothécaire, dûment certifiée, avec énonciation de leur valeur et désignation de ceux qui sont proposés pour la garantie hypothécaire du remboursement de l'avance ;

7° Un mémoire justificatif à l'appui de la demande, avec projet et devis estimatif pour les travaux à exécuter, de même que pour l'achat et l'installation d'un matériel spécial lorsqu'il y a lieu.

La caisse régionale pourra demander, en outre, les justifications complémentaires qu'elle jugerait nécessaires, notamment en ce qui concernerait la régularité de la constitution et des opérations de la Société coopérative.

Art. 2. — La caisse régionale, si elle acquiesce à la demande et la présente sous sa responsabilité, fait parvenir le dossier au préfet du département intéressé, qui le transmet au ministre de l'Agriculture avec ses observations et conclusions.

A ce dossier sont joints, sous la signature des représentants de la caisse régionale :

a) Une copie de la délibération par laquelle cette caisse aura couvert de sa responsabilité la demande d'avance ;

b) L'exposé des garanties prises par elle pour le remboursement de l'avance et des conditions de contrôle à exercer sur les opérations de la Société intéressée ;

c) Un tableau des engagements déjà contractés par la caisse et son dernier bilan.

Art. 3. — La caisse régionale et la société coopérative doivent fournir aux personnes chargées de l'instruction de la demande et des enquêtes, tous renseignements et facilités pour l'accomplissement de leur mission.

Art. 4. — L'ensemble du dossier est soumis à la commission de répartition des avances, constituée conformément à l'article 5 de la loi du 29 décembre 1906.

La décision motivée du Ministre est notifiée à la caisse régionale et à la Société coopérative agricole par l'intermédiaire des préfets des départements intéressés.

CHAPITRE II

STATUTS DES SOCIÉTÉS COOPÉRATIVES AGRICOLES APPELÉES A BÉNÉFICIER D'UNE AVANCE DE L'ÉTAT.

Art. 5. — Les statuts de toute Société coopérative agricole voulant bénéficier d'une avance doivent déterminer la circonscription territoriale à laquelle s'étendent ses opérations, son mode d'administration et le montant du capital social.

Art. 6. — Ils spécifient expressément :

1º Que les parts de sociétaires sont nominatives, qu'elles restent exclusivement réservées à des agriculteurs, membres d'un syndicat agricole, et que leur taux de remboursement n'excédera en aucun cas leur prix initial ;

2º Quel nombre maximum de voix peut avoir un sociétaire quel que soit le nombre des parts possédées par lui ;

3º Qu'aucun dividende ne sera attribué au capital ou aux fractions de capital et que le taux des intérêts ne pourra pas dépasser 4 pour 100;

4º Quelles dispositions sont prévues pour la constitution d'une réserve à prélever sur les bénéfices éventuels, en vue de l'amortissement du montant de l'avance de l'Etat;

5º Que les excédents annuels, déduction faite des charges, amortissements, intérêt du capital, frais généraux et réserve légale, etc., ne pourront être répartis, s'il y a lieu, entre les coopérateurs, que proportionnellement aux opérations faites par eux avec la Société coopérative ;

6º Que pour tous actes et opérations ayant un caractère commercial, la comptabilité sera tenue conformément aux prescriptions du Code de commerce et aux instructions ministérielles spéciales ;

7º Que toute modification projetée aux statuts sera portée à la connaissance de la caisse régionale responsable du remboursement de l'avance, qui en fera part au Ministre, sans qu'aucune modification puisse être considérée comme acquise avant que le Ministre ait notifié qu'il n'y fait pas objection à raison des conditions dans lesquelles l'avance de l'Etat a été consentie.

CHAPITRE III

SURVEILLANCE A EXERCER SUR L'EMPLOI DES AVANCES CONSENTIES

Art. 7. — La caisse régionale ayant garanti le remboursement d'avances doit veiller à ce qu'elles ne soient pas détournées de leur affectation.

Les modifications de projets et les changements d'emploi de ressources devront être préalablement soumis par la Société coopérative intéressée à l'approbation de la caisse régionale et à la décision du Ministre.

Art. 8. — Les avances ou fractions d'avances affectées soit à des travaux, soit à l'achat et à l'installation d'un matériel spécial, ne sont versées par la caisse régionale à la Société coopérative qu'au fur et à mesure de la réalisation des projets et à charge de justifications pour l'emploi des versements antérieurs.

Art. 9. — Avec les renseignements et pièces se référant à la garantie donnée à une Société coopérative agricole, la Caisse régionale devra conserver constamment à jour la liste des membres du Conseil d'administration de cette Société, le texte de ses statuts, l'état des sommes ou acomptes versés sur le montant total de l'avance.

Elle doit se faire délivrer chaque année, avant le 31 janvier, les inventaires et les bilans de l'exercice précédent, le relevé des opérations effectuées ou en cours pour l'emploi des avances consenties et la copie des procès-verbaux d'assemblée générale.

CHAPITRE IV

GARANTIE ET CONTRÔLE A ASSURER POUR LE REMBOURSEMENT
DES PRÊTS.

Art. 10. — Lorsque les avances destinées aux Sociétés coopératives agricoles seront attribuées pour l'établissement de magasins, entrepôts, usines ou autres constructions à édifier sur des terrains appartenant à ces Sociétés, hypothèque sera immédiatement consentie au profit de l'Etat, par acte notarié, sur lesdits terrains, avec extension stipulée ou formellement promise, selon les cas, sur les constructions à aménager ou à élever.

Si les avances se réfèrent à l'acquisition de terrains et à la construction ou à l'aménagement de bâtiments sur ces terrains, promesse expresse d'hypothèque devra être spécifiée, au profit de l'Etat, sur l'ensemble des immeubles visés aux projets, et l'hypothèque sera réalisée, suivant acte notarié, dès l'acquisition des terrains, avec extension aux bâtiments selon les cas, ainsi qu'il est dit ci-dessus.

La Société coopérative doit justifier que les immeubles lui appartenant ne sont pas grevés de privilège ou d'hypothèque pouvant préjudicier à la garantie hypothécaire réclamée pour le remboursement de l'avance de l'Etat.

Art. 11. — La caisse régionale doit exiger des Sociétés coopératives dont elle présente la demande, soit la clause de responsabilité solidaire de tous leurs membres pour les opérations auxquelles elle attache sa garantie, soit un engagement solidaire qu'elle reconnaîtrait suffisant, signé par tout ou partie des membres du conseil d'administration.

Art. 12.— Les fonctionnaires chargés d'examiner l'organisation et le fonctionnement d'une caisse régionale, ou de la Société coopérative agricole à laquelle a été consentie une avance de l'Etat, ont qualité pour vérifier la comptabilité et la gestion, pour constater l'exacte observation des prescriptions législatives et réglementaires ainsi que des statuts. Ils peuvent exiger la production de toutes pièces justificatives.

Lorsqu'il s'agit de travaux à exécuter ou de l'achat et de l'installation d'un matériel spécial, ils ont la faculté, soit au cours des opérations, soit après leur achèvement, de constater s'il y a conformité avec les projets dûment acceptés et les plans ou devis régulièrement fournis.

Ils consignent leurs observations et avis concernant l'état des immeubles et du matériel.

Ils signalent spécialement les cas dans lesquels la violation ou les modifications des statuts, diminuant les garanties du remboursement de l'avance, peuvent faire exiger le remboursement anticipé, conformément à l'article 6 de la loi du 29 décembre 1906.

TABLE DES MATIÈRES

—

ANNEXES

Poitiers. — Imp. Blais et Roy, 7, rue Victor-Hugo.